復熱也好吃的Q彈系麵包配方

貝果與鹽可頌的
黃金比例

Elma玩麵粉·著

Ch1. 越咀嚼越香的貝果

CONTENTS ｜ 目錄

Ch2.

外酥內軟的鹽可頌

Ch3.

一種麵團二種變化

前言

烤麵包的香氣，總是能讓整個家中充滿幸福感。

在家親手做麵包給家人吃，是件十分開心的事，不論是材料或者做工，除了能安心及掌控之外，更重要的是，會感受到濃濃的幸福。特別是看到孩子大口咬著自己親手做的麵包，那種滿足感會停留在心裡久久不會消失。

接觸烘焙將近十年時間，一開始是覺得蛋糕甜點的製作很有趣，但並沒有維持很久，主要是考量到家人們對糖分的攝取需要控管，但若完成的點心無人可分享，烘焙的喜悅便降低許多。直到接觸了看似簡單的吐司後，才真正開啟自己對自家烘焙的興趣及目標。

從未想過自己對於製作吐司，竟然會有源源不絕的動力。那段時期，整個人的心思都投注在烘焙世界中，也曾遇上撞牆期，當時連深夜都在思考著如何改善及調整製作流程，做出健康、簡單、獨具口感，有如棉花糖般蓬鬆的吐司。

從前在深夜做麵包，凌晨出爐是常有的事！有了孩子後時間變得更零碎，於是若想做麵包，就只能每天早起，趁孩子還在熟睡時，挑省時的品項做。其中，鹽可頌又是除了吐司以外，自己願意花大量時間深入研究的。

直到某一天，無意間看到一款低糖無油的貝果食譜，分享者將貝果的成品畫面拍攝的太美、太誘人，引起我的興趣，自此開始動手製作。完成的成品深深擄獲了家人的心，沒想到低糖無油的貝果也可以這麼美味，顛覆以往對於貝果硬邦邦的印象，不管是剛出爐、放涼後口感微韌的貝果，還是復烤後外酥內軟的貝果，都令人回味無窮。

貝果與鹽可頌有著相同的特點：一是不用長時間等待發酵，二是操作上相對簡單，非常

適合新手入門。只要願意按照食譜上的步驟進行，幾乎都能獨力完成，省時省事、用料簡單、失敗率低，因為製程簡單所以耗費的時間相對較短，即使對成品不滿意，也可馬上重做，降低失敗的挫折感。

這兩款麵包除了製作簡單外，其變化空間大、易於搭配、甜鹹餡料皆適合放進麵團裡。而貝果的食用方式也充滿變化，蒸、烤、鍋煎及氣炸皆適合。許多人會將貝果橫切剖開為兩片，夾上煎蛋、培根、起司、生菜或酪梨；或塗上奶油乳酪、果醬、花生醬等，不論是做為點心或正餐都非常方便。

我個人偏好將烤好的貝果剖開後，豪邁的塗上一層厚厚的奶油乳酪，咬下的瞬間，奶油香氣在口中散開。如果你和我一樣熱愛貝果與鹽可頌，那麼請務必試作一次書中的食譜，將能親身體驗到手做烘焙的無限魅力！

貝果 & 鹽可頌的美味祕密

01

1 用料簡單，在家就可製作好吃的麵包

本書提供的食譜配方，材料的取得都十分容易，一般烘焙材料行或網路賣場都可以購入。即使手邊只有麵粉、鹽、糖、水、酵母，也能做出好吃的貝果，如果再準備一條有鹽奶油，也能一併製作鹽可頌。自製好吃麵包，不再是遙不可及的夢想。

2 清楚標示配方使用的麵粉蛋白質含量

一般的食譜，除了配方比例之外，不一定會說明使用的麵粉品牌，而新手經常遇到的問題，則是不知道該加入多少液體才足夠。按照配方標示的水量添加，麵團不是太濕就是太乾，導致麵團的製作總是失敗。為了讓大家在製作上更有信心，書中的每款配方，都會清楚標示使用的麵粉蛋白質含量供大家參考。雖然麵粉的吸水率會因區域、季節、氣候而有所差異，但至少有個依據，可降低失敗率。

3 少油少糖，一樣能滿足味蕾

原料用的好，即使低糖、低油、無油，也能做出好吃的麵包。我與家人都是麵包控，尤其是自家做的麵包，味道樸實卻天天吃也不覺得膩。如果你也注重飲食安全且喜歡麵包，但卻從未親手做過，不妨從貝果與鹽可頌開始入門，將發現原來自己做的麵包也可以這麼吸引人。

4 麵包正確的保存與復熱方式

總是覺得麵包回烤後，不如當天出爐的美味？其實是因為錯誤的保存方式及復熱方法不到位的緣故。書中將說明正確的保存方式，及如何運用不同的工具進行復熱，讓大家每天都能享用像當天出爐的熱騰騰麵包。

5 溫熱的吃最美味

貝果與鹽可頌的麵團特性不同於一般吐司與軟麵包，放涼後咬起來的口感會偏硬，所以最好吃的狀態，一定是溫熱的時候。

在家做貝果 & 鹽可頌

— 詳細流程 —

02

製作前該留意的事

製作麵包的過程中，最常碰到的是：「攪拌麵團時，液體的部分應該添加多少才夠？」雖然本書中已將每款食譜使用的麵粉蛋白質含量列出，但仍有可能碰到初次製作麵包的新手，在尚未熟悉流程的情況下，不確定該如何增減添加液體的量，有比較不會出錯的方法可以解決嗎？

首先，請確認書中食譜使用的麵粉蛋白質含量及水量是多少，再與自己使用的麵粉蛋白質含量進行比對。

假設：手邊麵粉蛋白質含量為 12%，但書中食譜使用的麵粉蛋白質含量是 14%。此時，就能清楚知道手邊的麵粉吸水率，低於書中所使用的麵粉。若依照食譜中的水分添加，將會得到一個過軟的麵團。

先保留食譜中 30g 的液體量，在攪拌的過程中再慢慢添加，至於加多少並沒有標準的數字，因為當下所處的環境溫度與濕度的高低，都會影響麵團的吸水率，只要讓完成攪打的麵團是能成團、表面光滑、具有彈性的狀態即可。

反之，若手邊麵粉高於書中食譜使用的蛋白質含量時，配方中的液體量可以安心的全部加入，如果麵團太乾，則可適量再添加約 3～5g 的水。但如果太濕，也需要減水，記得視當下狀況進行彈性調整。

貝果製作流程

貝果製作成功的狀態，應會呈現切面組織的氣孔密實，
咬開時麵包組織會分層拉絲，且口感軟糯、令人回味無窮。

基本動作

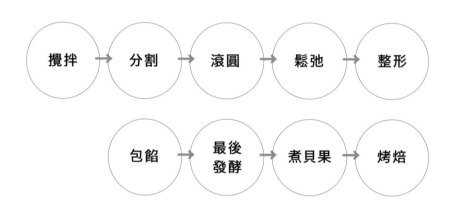

攪拌 → 分割 → 滾圓 → 鬆弛 → 整形

包餡 → 最後發酵 → 煮貝果 → 烤焙

1 攪拌

本書中的貝果麵團偏乾，含水量約落在 55 ～ 56% 左右，最多也不超過 60%，所以麵團打好後，摸起來比一般麵包麵團硬是正常的。無論使用任何器具攪打麵團，麵團最終的模樣都應是光滑柔軟、具有彈性的厚膜狀態，輕輕拉開麵團檢查時，能感受到麵團的延展力。

2 分割

將麵團均分成所需等份，發酵、烤焙溫度、時間、成品大小才會一致。

3

滾圓

將分割後的零碎麵團，重新包覆不平整的外層，使麵團膨脹，讓麵團恢復柔軟性。

4

鬆弛

為了讓麵筋柔軟，更容易擀開，有利於後面的整形。夏季如果室溫高，需放冰箱冷藏鬆弛，避免麵團尚未鬆弛到位，就先開始發酵了。麵團入冰箱低溫鬆弛前，一定要密封好，以免表面被風乾。

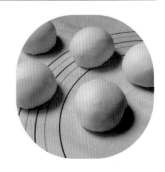

5

整形／包餡

這個步驟是要將剛剛鬆弛好的麵團，整成貝果的形狀。如果要做有包餡的貝果，就要在此時將餡料包入。包入的內餡，預估為每個麵團重量的15～20％內，分量過多會影響發酵，且容易爆餡；內餡不宜太濕，盡量偏乾，不然也容易造成爆餡。不需擔心包入的內餡太乾會不易入口，即使餡料偏乾，做出來的貝果依舊美味不減。

6

最後發酵

這個步驟無法省略，但也不可過度發酵，大約抓在25～35分鐘左右（1.5倍大），後發時間沒有絕對，還是要看麵團整形後的狀態、發酵環境溫度來做調整。發酵完成的麵團，體積明顯變大，按壓麵團表面會緩慢回彈，放進水中時會浮在水面上。

7
煮貝果

貝果要煮水的目的，是為了讓麵團表面吸水糊化後溶出的澱粉，烘烤後讓外皮形成脆脆的口感，也更扎實有嚼勁。經過這道程序後，貝果吃起來才會有韌韌的口感，但煮越久的貝果口感越韌，建議最多不超過 1 分鐘，我最常煮的時間落在 15 ～ 30 秒之間，可依食譜所需的口感做調整。

煮貝果的水不宜沸騰，處於沸騰狀態下煮出來的貝果，烤焙後表面除了會霧霧的之外，外皮也會略厚一些，請務必記得水溫的部分要留意。

8
烤焙

狀態：貝果煮完水之後，可放在網架上讓水分稍微瀝乾，再放置烤盤上烤，這個動作可防止底部的皮太厚。煮完水的貝果放涼後烤，體積會比剛煮起來直接烤要來的大、膨脹力更佳。

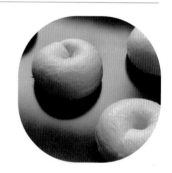

溫度：高溫時間短。如果使用有旋風功能的烤箱，中程開風扇可讓表皮變脆、變薄，更好吃。

Elma Tips　　　　　　　　　喜歡貝果烤起來表皮亮亮的嗎？

依據過去的經驗，水溫在 90 ～ 95℃左右時，煮出來的貝果表皮會亮亮的。如果覺得測溫太麻煩，書中也有分享其他讓貝果變亮的方式。

鹽可頌製作流程

在公開分享每一個麵包的配方之前,通常我早已試作過無數次,每次吃完之後,總會想再做一批備著,也因為製作次數頻繁,嘗試過各種不同組合,最終才能完成讓自己超級滿意的版本。自家烘焙的麵包,就是有種讓人一口接一口的魔力。除了吐司之外,我花費最多時間研究的就是鹽可頌(Salted Butter Roll 海鹽奶油捲),吃過的人都忘不了它有多美味。皮脆、內軟、香氣四溢,只吃一個真的不夠。

基本動作

攪拌 → 分割 → 滾圓 → 鬆弛 → 整形

包餡 → 最後發酵 → 烤焙

1 攪拌

無論使用任何器具攪拌麵團,只要攪拌的狀態剛好,就已成功了一半。接下來,便是將每個製作環節調整好,未來不論拿到任何沒接觸過的新食譜,都有辦法做出好吃的成品。書中將示範兩款不同麵團狀態所做出來的口感,烘焙新手可從較有把握完成的開始練習。

厚膜狀態,約 7 成筋。

薄膜狀態,約 9 成筋。

2
分割

將麵團均分成所需等份，發酵、烤焙溫度、時間、成品大小才會一致。

3
滾圓

將分割後的零碎麵團，重新包覆不平整的外層，使麵團膨脹，讓麵團恢復柔軟性。

4
鬆弛

為了讓麵筋柔軟，更容易擀開，有利於後面的整形。不論冬季或夏季都需要放入冷藏鬆弛，常溫鬆弛的話，經常在麵團尚未鬆弛到位，就先開始發酵了。夏季室溫高，有時也需先放冷凍約 30 分鐘後再拿出來整形，用不到的部分就先轉入冷藏備用。麵團入冰箱低溫鬆弛前，一定要密封好，以免表面被風乾。

5

整型／捲入奶油

將圓形麵團搓成水滴狀，是為了後面擀捲做準備。裹入的奶油是鹽可頌的靈魂，烤焙時奶油會流出來落到烤盤上，把麵包底部煎得酥酥香香的，是麵包香氣的來源。所以，選擇一塊好的奶油來製作鹽可頌非常重要。

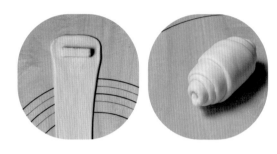

6

最後發酵

因為有裹入奶油，所以後發的溫度不可太高，大約抓在 30～31℃左右，約 30 分鐘左右可以發到1.5 倍大，拿起來麵團重量明顯變輕。若過度發酵，外形分層紋路便會消失，麵包組織也會較為粗糙。

7

烤焙

烤焙鹽可頌時想烤出薄脆的外皮，使用有蒸氣功能的烤箱是關鍵，才能讓鹽可頌膨脹時產生層層的撕裂感，也就是大家常說的「睫毛狀」，只要發酵狀態有到位，再搭配烤箱的蒸氣效果，就能完成鹹香誘人的鹽可頌。

基本常用器具

攪拌機

使用攪拌機揉麵團既省時又省力，尤其在炎熱夏季攪打麵團時最怕溫度升高，短時間內快速達到麵團的適當狀態是重點，挑選一台好用的攪拌機將讓你事半功倍。

麵包機

適合平常偶爾做麵包的族群。以打麵團的功能來看，會比攪拌機需要多一點時間，才能將麵團打好。若家中只有麵包機也不用擔心，本書食譜除了少部分特殊配方的麵團量較大之外，多數食譜設計的麵團量，若使用麵包機來進行攪拌也能輕鬆完成。

● 以 300g 的麵粉量為例

攪拌機→攪拌時間約 8 ～ 12 分鐘
麵包機→攪拌時間約 15 ～ 20 分鐘

以上皆為作者操作後估算的時間，沒有絕對，仍需以自家設備實際操作的狀況做調整。

① 烤箱

本書所使用的烤箱，主要為有蒸氣與風扇功能的蒸氣石板烤箱。鹽可頌麵包烤好後的外皮之所以酥脆，是在烤焙時有蒸氣輔助才能達到這樣的效果。而烤貝果時，適時搭配風扇的功能，熱循環能讓貝果受熱更均勻，烤色才會顯得平均且漂亮。

② 氣炸鍋

近幾年很受歡迎的廚房小家電，用來復熱麵包非常的便利，只需要短短幾分鐘，馬上就有熱騰騰的現烤麵包可以享用。

③ 平底鍋

製作早餐時，煎顆太陽蛋做搭配是最萬用的選擇。我經常在煎蛋時，將橫剖後的貝果一同放入平底鍋中加熱，一鍋雙用好方便。做貝果三明治時我更愛將貝果剖面塗上有鹽奶油，用小火慢煎至金黃酥脆後，再夾入自己愛吃的配料，就完成一份大人小孩都愛的悠閒早餐。

・ 其 他 工 具 ・　這些都是製作貝果與鹽可頌不可或缺的基本工具，可幫助你在製作麵包的過程更為順手，請先備齊後再開始製作。

① 料理秤

精準測量食材及均分麵團時使用，選擇能測量至 0.1g 的料理秤會比較方便。

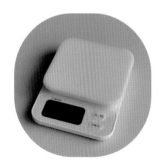

2 探針式溫度計

使用於麵團攪拌後，測量麵團的溫度。因測量的是麵團中心點的溫度，所以探針式的料理溫度計會比槍型要來得準確。

3 廚房用計時器

麵團發酵與烤焙過程中，需要精準計算時間。

4 硬質刮板

將麵團分割成小團，或移動位置時使用。

5 擀麵棍

進行麵團整形時，需要藉由擀麵棍來幫助排氣，並延展麵團。

6 水霧式噴水瓶

麵團發酵時保持濕潤，或出爐後幫助貝果增亮都會使用到。選擇水霧式噴水瓶，能讓噴出的水珠分布的更為均勻。

7 耐熱矽膠刷

麵包剛出爐時溫度很高，需要一把可耐高溫的矽膠刷，刷上牛奶或奶油時，較不會產生安全上的疑慮。

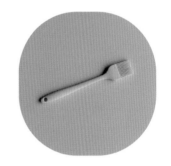

8 烘焙冷卻網架

剛出爐的麵包需要放涼，需使用網狀四角有架空的冷卻網架，麵包底部才不會因熱氣散不掉而受潮，還能快速讓麵包在短時間內降溫。

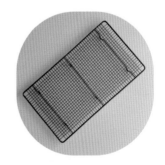

9 麵包刀

有波浪鋸齒狀的刀刃，可將麵包輕鬆切出漂亮的切面。當天出爐的麵包很軟，麵包要進行分切、橫切剖半保存時，一定會用上。

基本常用材料

1 高筋麵粉

麵粉蛋白質含量大於 11.5％，吸水力與筋性較強。使用高筋麵粉製作出來的麵包，也更富有彈性和嚼勁。

2 特高筋麵粉

麵粉蛋白質含量為 14％以上，是所有麵粉當中筋度及黏性最高的。

3 法國麵粉（T45）

法國麵粉 T45 指的是灰分含量在 0.5％以下，經常被用來製作酥皮等重油類的點心；而製作麵包時，更容易保留住麥香味。

4 全麥麵粉（T150）

營養成分優於高筋麵粉，口感粗糙，在配方中可適量添加全麥粉，能使口感更有嚼勁，麥香味更明顯。

5 三溫糖

也是屬蔗糖，其顏色帶有焦糖褐色的色澤，吃起來比一般白砂糖甜。

6 細砂糖

烘焙時幾乎都會用到的糖，無色、甜味清爽。製作麵包時，為了好溶解，請選擇顆粒較細的細砂糖。

7 蜂蜜

製作貝果時，添加適量的蜂蜜在麵團裡，除了可增加風味外，還具有保濕及延緩麵團老化的效果，烤焙時也能幫助麵包上色。

8 烘焙用奶粉

請選擇烘焙用奶粉，可在一般烘焙材料行或網路賣場購買。配方中添加奶粉，可增加麵團的吸水率、提升麵包香氣，在烘烤時更容易上色。

9 鹽

添加在麵團裡做成麵包，不只是調味而已，還有抑制雜菌與發酵的速度。可增強麵筋的強度，是製作麵包時不可或缺的重要材料。

10 鹽之花

最熟為人知的就屬法國出產的頂級海鹽，源自於潔淨的海水，不同海域的礦物質也有所差異，風味更是不同。顏色純白、結晶如花朵，鈉含量比一般精鹽低，口味甘醇。製作鹽可頌麵包可撒上一點鹽之花點綴提味，在享用麵包時，經過咀嚼後會感受到回甘的滋味。

11 無鹽奶油

固體狀，是製作麵包時常用的材料之一，添加之後除了可讓麵包具有奶香味之外，還可增加麵團延展性、延緩麵包老化速度、使麵包組織變得更柔軟。

12 有鹽奶油

含有鹽分的奶油，製作鹽可頌麵包不可缺少的重要材料，為主要的香氣來源，所以製作鹽可頌麵包時，備上一條風味好的有鹽奶油是必要的。

13 **低糖酵母**

細緻的顆粒狀，用量是麵粉量的 1%，請儲存於陰涼乾燥處，開封後記得密封冷藏並儘速使用完畢。適合一般家庭少量製作與新手使用。

烤好的麵包
該如何保存與復熱？

03

保存方式

貝果與鹽可頌一律要放入保鮮袋或保鮮盒中，冷凍保存，哪怕是明天一早要吃的，也請記得放入冷凍庫，若放入冷藏會加速水分流失與麵包組織老化。一般製作吐司與麵包時，麵團攪打的狀態會要求呈現 9 或 10 分筋，此時的麵團筋性強，延展性高，稱之為「完全擴展階段」，這種狀態的麵團所做出來的麵包，既柔軟又有保濕性。相對來說，製作貝果與鹽可頌的麵團要求比較低，只需要打到麵團光滑、具有彈性即可。攪拌不足的麵團做出來的麵包老化速度快，口感相對較差。

若想使用於夾餡的貝果，可先剖半再冷凍保存。復熱時將兩片翻開，由於麵包較薄，可直接烘烤不需解凍，大幅縮短備餐時間。

復熱方式

貝果與鹽可頌的正確保存方式是放入冰箱冷凍，但總是覺得它們經過冷凍後變得非常不好吃。那是因為沒有用到合適的方式復熱，只要復熱方法對了，麵包吃起來外酥內軟，比剛出爐的還好吃。

以下的復熱方式，適用於已放置在室溫下解凍好的麵包。夏天室溫高約 15 〜 20 分鐘可完成解凍；冬天則約 30 〜 40 分鐘左右。回溫時間沒有固定，請依所處環境溫度高低來判斷，多試幾次，一定可以找出適合自家的解凍時間。

要讓冷凍麵包解凍時，請一律在當天要吃之前放置於室溫下回溫，切勿前一晚丟冷藏解凍，放入冷藏是儲存麵包的大魔王，千萬要注意。

氣炸鍋、氣炸烤箱

直接放入，溫度調整至 180℃、計時 6 ～ 7 分鐘。口感屬外酥內軟。

小烤箱

先放入微波爐微波 15 ～ 20 秒，拿出來時從表面按壓麵包，感覺麵包中心點有溫熱時，就直接放進已預熱 10 分鐘的小烤箱內，計時 3 ～ 4 分鐘即可。口感屬外酥內軟。

電鍋（僅適用於貝果）

水開之後跳保溫模式，燜 8 ～ 10 分鐘。若是冷凍的貝果直接燜，時間要再延長 8 分鐘以上。口感屬 Q 軟。

平底鍋（僅適用於貝果）

平底鍋可先不放油，只要將剖開的貝果剖面塗上奶油，放入鍋中乾煎；或是早餐煎蛋、煎火腿時，利用鍋中的剩餘空間，一起放入剖半的貝果加熱。用這個方式加熱的貝果，吃起來外酥內軟，還多了點鍋煎的香氣，非常的美味。

Elma Tips

貝果與鹽可頌如果忘記提前放至常溫退冰，又或是趕著出門沒時間等待解凍時，可這樣做：
烘烤之前先放入微波爐中微波，從 20 秒開始，之後再以每次 10 秒慢慢地加時間，反覆加熱，至按壓麵包中心點有溫熱的感覺即可停止。再依上述復熱的方式加熱即可。

✘ 微波爐只適合解凍，全靠微波加熱麵包會讓水分快速流失。

04

關於貝果的整形方式

試著用雙手代替擀麵棍擀開麵團，會發現原來做出美味的貝果，這麼輕鬆簡單！不一樣的整形手法，將帶來完全不同的口感，及顛覆味蕾的感受。

｛ 手法 A.無料麵團 ｝
— 步驟 —

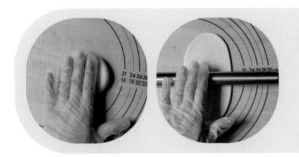 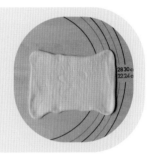

(1) 先將完成鬆弛的麵團拍平後，輕輕擀開。

(2) 翻面後，將四角對稱拉開。

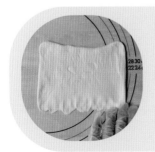 

(3) 麵團的底部邊緣，用手指按壓，按薄一些。

(4) 用手指將麵團的厚薄度整理均勻。

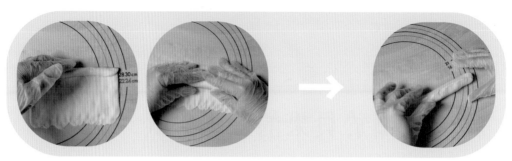

(5) 將麵團從上方往下,捲起。

(6) 將接縫處黏緊。

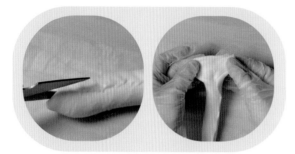

(7) 在麵團的一頭用剪刀剪開後,拉開、拉平。

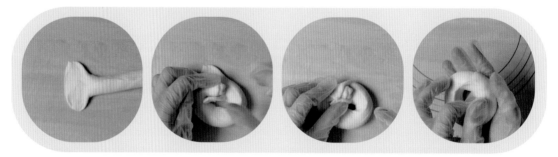

(8) 再將另一頭轉過來,頭尾相接包起來,注意接口縫要朝上,收口確實捏緊。

(9) 麵團翻正,擺在烘焙油紙上,準備進行最後發酵。

手法 B.有料麵團

麵團中有混入果乾、堅果或其它食材的整形手法。
全程用手取代擀麵棍，避免在擀開的過程中太用力，使麵團受傷。

— 步驟 —

(1) 將完成鬆弛後的麵團，用手指以按壓的方式整平。

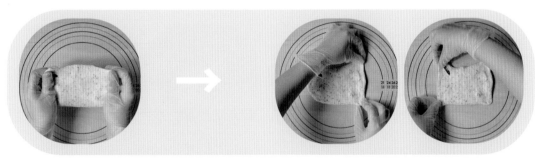

(2) 翻面後，雙手輕輕的將麵團拉開、拉長。　(3) 再放置於桌面上，將四角對稱拉開。

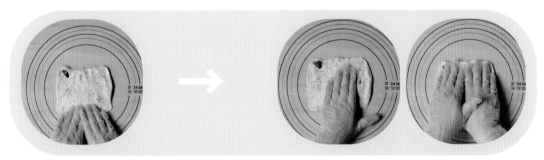

(4) 麵團底部邊緣，用手指按壓至更薄一些。　(5) 用手指將麵團的厚薄度整均勻。

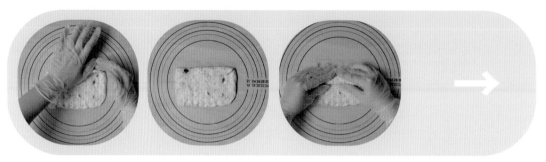

⑹ 將麵團由上往下捲起。

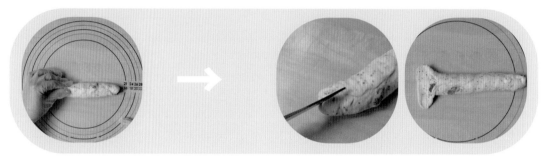

⑺ 將接縫處黏緊。　　　　　　　　⑻ 麵團的一頭用剪刀剪開後，拉開拉平。

⑼ 再將另一頭轉過來，頭尾相接包起來，注意接口縫朝上，收口確實捏緊。

⑽ 麵團翻正，放在油紙上，準備進行最後發酵。

關於鹽可頌的整形方式

鹽可頌麵包之所以會好吃，主要是透過捲的方式整形，讓烤出來的麵包外酥內軟，口感層次豐富。如何將圓滾滾的麵團整成捲的造型，有兩種不同手法可以嘗試，請找出自己最順手的方式來練習。

先搓成胖水滴狀

該如何搓成水滴狀，示範了 2 種不同方式，請挑選一個自己習慣的方式進行即可。

— **方式 A.** —　(1) 直接手掌貼合麵團，以上下滾動的方式來搓成水滴狀。全部依序搓完。

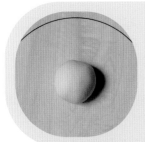

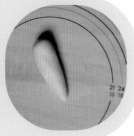

— 方式 B. —

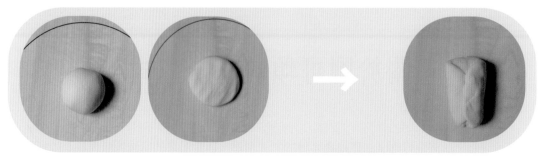

(1) 將圓形麵團壓扁。　　　　　　　　　(2) 左右兩側往中間折，麵團需重疊一些些。

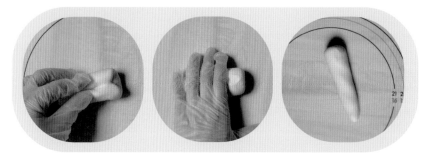

(3) 再將麵團兩邊接起來，接口黏合，用手掌搓一下，即為水滴狀。全部依序搓完。

② 從最先完成水滴狀的麵團開始整形，先搓長、搓細後（一樣維持水滴狀），將擀麵棍放在麵團 1/3 處先往上擀開，之後再從起點處往下擀開，擀至約 50 ～ 55 公分長。

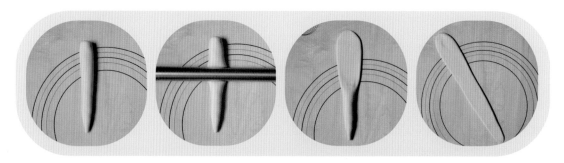

3 翻面，先將頭部面積擀大一些後，再將底部麵團擀平、擀長，放上奶油條之後捲起。

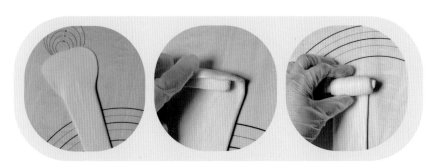

4 這樣便完成了鹽可頌的整形。

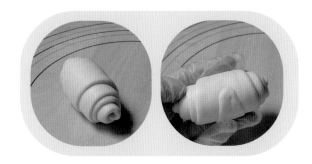

Ch1.

越咀嚼越香的貝果

貝果因為麵包體本身少糖少油，甚至是以無油配方製作，與其他類型麵包相比，算是比較健康的品項。製作方法簡單、成功率又高，近幾年在自家烘焙中相當受歡迎，因此建議烘焙新手可以從這款麵包入門。

百搭原味貝果

低糖無油的麵包體，是一款適合做成各式口味三明治的貝果，可加入喜歡的食材，想抹什麼、想夾什麼都沒問題，今天就來一份自製的獨家三明治貝果吧！

食譜分量		5 個
麵團材料	高筋麵粉	300 g
	蜂蜜	15 g
	鹽	4.5 g
	水	171 g
	低糖酵母	3 g

麵團終溫		24℃最佳
煮貝果水	砂糖 50 g ＋ 水 1000 ml	
書中使用麵粉蛋白質（％）		11.8 ％

如使用與書中不同麵粉的蛋白質比例時，
請根據麵粉的吸水率調節水量。

步驟 ——

1. 將所有麵團材料放入攪拌機，攪拌至呈現光滑具有彈性的麵團，約 7～8 成筋厚膜狀態。

2. 免基礎發酵。直接分割成 5 個麵團，輕輕滾圓，放室溫鬆弛 20 分鐘左右。

3. **整形**：擀開、翻面、整平、捲起，整成貝果形狀（*請參考 P.29 貝果整形手法 A 無料麵團*）。

4. **最後發酵**：置於 32℃ 環境下，最後發酵 30 分鐘，至麵團呈 1.5 倍大。

5. **煮貝果**：將煮貝果水煮至冒出小泡泡，放入發酵好的貝果，正反兩面各煮約 30 秒後，撈起。

6. **烤焙**：烤箱設定上下火 220℃，烤 16 ～ 18 分鐘左右。
   烤箱如有旋風功能，最後 5 分鐘開旋風，可讓上色更加均勻。
   （*烤溫和時間請依自家烤箱狀況自行調整。*）

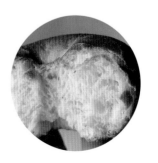

7. 貝果出爐後還在烤盤上時，先噴一次水；移至冷卻網架後再噴一次水，可使表面變得油亮。

水光肌奶鹽貝果

水亮的貝果看了就讓人食欲大增。將有鹽奶油包入貝果中，烤焙時，流出來的奶油將麵包底部煎得香香的，是一款單吃就很美味的貝果。

食譜分量		5 個
麵團材料	高筋麵粉	300 g
	蜂蜜	15 g
	鹽	4.5 g
	水	171 g
	低糖酵母	3 g
內餡	有鹽奶油	5～6 g／個

麵團終溫		24℃最佳
煮貝果水	砂糖 50 g ＋ 水 1000 ml	
書中使用麵粉蛋白質（％）		11.8 ％

如使用與書中不同麵粉的蛋白質比例時，
請根據麵粉的吸水率調節水量。

步驟 ——

1. 將所有麵團材料放入攪拌機，攪拌至呈現光滑具有彈性的麵團，約 8～9 成筋的厚膜狀態。

2. 免基礎發酵。直接分割成 5 個麵團，輕輕滾圓，放室溫鬆弛 20 分鐘左右。

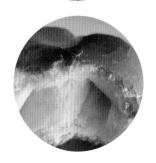

③ **整形**：擀開、翻面、整平，放上有鹽奶油，再捲起，整成貝果形狀。
（請參考 P.29 貝果整形手法 A 無料麵團）

④ **最後發酵**：置於 32℃ 環境下，最後發酵 30 分鐘，至麵團呈 1.5 倍大。

⑤ **煮貝果**：將煮貝果水煮至冒出小泡泡，放入發酵好的貝果，
正反兩面各煮約 30 秒後，撈起。

⑥ **烤焙**：烤箱設定上下火 220℃，烤 16 ～ 18 分鐘左右。
烤箱如有旋風功能，最後 5 分鐘開旋風，可讓上色更加均勻。
（烤溫和時間請依自家烤箱狀況自行調整。）

⑦ 出爐後，趁熱在貝果表面刷上牛奶，可使表面變得十分油亮。

草莓貝果

草莓果醬的香氣,不論大人或小孩都抵擋不了。將草莓果乾
與麵團攪拌在一起,做成草莓貝果,有多好吃試過就知道!
使用當季的新鮮草莓,最能品嚐到草莓的香甜。

食譜分量		5 個
麵團材料	高筋麵粉	300 g
	蜂蜜	15 g
	鹽	4.5 g
	水	171 g
	低糖酵母	3 g
	草莓果乾	45 g
事前準備	先將草莓果乾剪成小碎塊,備用。	

麵團終溫	24℃最佳
煮貝果水	砂糖 50 g ＋ 水 1000 ml
書中使用麵粉蛋白質(%)	11.8 %

如使用與書中不同麵粉的蛋白質比例時,
請根據麵粉的吸水率調節水量。

步驟 ——

1. 除了草莓果乾外,將所有麵團材料放入攪拌機,攪拌至呈現光滑具有
彈性的麵團,約 8 ～ 9 成筋厚膜狀態。

2. 草莓果乾放入步驟 1,轉慢速讓麵團與果乾拌勻。

③ 免基礎發酵。步驟②分割成 5 個，輕輕滾圓，放室溫鬆弛 25 分鐘左右。

④ **整形：**壓平、翻面、整平、捲起，整成貝果形狀。
（請參考 P.31 貝果整形手法 B 有料麵團）

⑤ **最後發酵：**置於 32℃ 環境下，最後發酵 30 分鐘，至麵團呈 1.5 倍大。

⑥ **煮貝果：**煮至水冒出小泡泡，放入發酵好的貝果，正反面各煮約 30 秒後撈起。

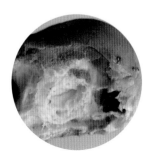

⑦ **烤焙：**烤箱設定上下火 220℃，16 ～ 18 分鐘左右。烤箱如有旋風功能，最後 5 分鐘開旋風讓上色更均勻。
（烤溫和時間請依自家烤箱狀況自行調整。）

奶黃貝果

奶黃貝果帶有一點廣式茶點的風味。將自製的奶黃餡甜度調降了一些，吃起來才不會過於甜膩。

食譜分量		5 個
麵團材料	高筋麵粉	300 g
	蜂蜜	15 g
	鹽	4.5 g
	水	171 g
	低糖酵母	3 g
表面裝飾	珍珠糖	少許

麵團終溫		24℃最佳
煮貝果水	砂糖 50 g ＋ 水 1000 ml	
書中使用麵粉蛋白質（％）		11.5 ％

如使用與書中不同麵粉的蛋白質比例時，
請根據麵粉的吸水率調節水量。

奶黃內餡

材料 A

雞蛋	1 顆
牛奶	30 g
砂糖	18 g
低筋麵粉	13 g
奶粉	8 g
鹽	少許

材料 B

無鹽奶油	12 g

｜ 作法 ｜

(1) 將材料 A 所有的食材放入鋼盆中，攪拌均勻成奶黃糊，過篩一次。

(2) 過篩後的奶黃糊加入材料 B，全程以小火加熱，不斷攪拌至水分蒸發成團即可。

(3) 放涼後，放入擠花袋中備用。

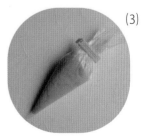

(3)

步驟 ——

1. 將所有麵團材料放入攪拌機，攪拌至呈現光滑具有彈性的麵團，約 7 ～ 8 成筋厚膜狀態。

2. 免基礎發酵。直接分割成 5 個，滾圓，室溫鬆弛 20 分鐘左右。

3. **整形**：擀開、翻面、整平，抹上內餡，再捲起，整成貝果形狀。
（請參考 P.29 貝果整形手法 A 無料麵團）

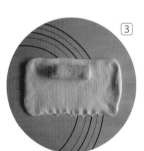

4. **最後發酵**：置於 32℃ 環境下，最後發酵 30 分鐘，至麵團呈 1.5 倍大。

5. **煮貝果**：將煮貝果水煮至冒出小泡泡，放入發酵好的貝果，正反兩面各煮約 30 秒後，撈起。表面撒上珍珠糖裝飾。

6. **烤焙**：烤箱設定上下火 220℃，烤 16 ～ 18 分鐘左右。烤箱如有旋風功能，最後 5 分鐘開旋風，可讓上色更加均勻。
（烤溫和時間請依自家烤箱狀況自行調整。）

核桃蔓越莓貝果

·直接法· 低糖無油·

堅果與果乾搭配的貝果內餡，讓整體口感更加豐富。一口咬下酥脆的外皮，核桃的香氣、蔓越莓的酸甜，再加上貝果獨特的韌勁，真的是越嚼越香。

食譜分量		5 個
麵團材料	高筋麵粉	300 g
	蜂蜜	15 g
	鹽	4.5 g
	水	171 g
	低糖酵母	3 g
	蔓越莓乾	20 g
	核桃	20 g
事前準備	將生核桃烤壓碎，放入烤箱設定上下火 160℃，烤 10 分鐘，備用。	

麵團終溫		24℃最佳
煮貝果水	蜂蜜 20 g ＋ 砂糖 50 g ＋ 水 1000 ml	
書中使用麵粉蛋白質（%）		11.8 %

如使用與書中不同麵粉的蛋白質比例時，
請根據麵粉的吸水率調節水量。

步驟 ——

1. 除了核桃和蔓越莓乾外，將所有麵團材料放入攪拌機，攪拌至呈現光滑具有彈性的麵團，約 8 ～ 9 成筋厚膜狀態。

2. 烤熟的核桃、蔓越莓乾放入步驟 1，轉慢速攪拌均勻。

3. 免基礎發酵。步驟 2 分割成 5 個麵團，輕輕滾圓，放室溫鬆弛 25 分鐘左右。

4. **整形**：壓平、翻面、整平、捲起，整成貝果形狀。
   （請參考 P.31 貝果整形手法 B 有料麵團）

5. **最後發酵**：置於 32℃ 環境下，最後發酵 30 分鐘，至麵團呈 1.5 倍大。

6. **煮貝果**：將煮貝果水煮至冒出小泡泡，放入發酵好的貝果，正反兩面各煮約 30 秒後，撈起。

7. **烤焙**：烤箱設定上下火 220℃，烤 16 ～ 18 分鐘左右。烤箱如有旋風功能，最後 5 分鐘開旋風，可讓上色更加均勻。
   （烤溫和時間請依自家烤箱狀況自行調整。）

起司脆脆貝果

剛出爐的起司脆脆貝果，酥軟又鹹香，底部沾滿香氣十足的
白芝麻增加口感，內餡是滿滿的起司，濃濃奶香味讓人忍不
住再三回味。

食譜分量		5 個
麵團材料	高筋麵粉	300 g
	三溫糖	9 g
	鹽	3 g
	水	165 g
	低糖酵母	3 g
內餡	起司片	3 片
	（切成 5 等份後備用）	
底部沾附用	白芝麻粒	適量
表面使用	有鹽奶油	15 g
	（每個約 3g）	

麵團終溫	24℃最佳
煮貝果水	砂糖 50 g ＋ 水 1000 ml
書中使用麵粉蛋白質（％）	14.2 %

如使用與書中不同麵粉的蛋白質比例時，
請根據麵粉的吸水率調節水量。

步驟 ——

☐1 將所有麵團材料放入攪拌機，攪拌至呈現光滑具有彈性的麵團，約 7 ～ 8 成筋厚膜狀態。

☐2 免基礎發酵。直接分割成 5 個，滾圓，室溫鬆弛 20 分鐘左右。

☐3 **整形**：擀開、翻面整平、放上起司片、捲起，整成貝果形狀。
　（請參考 P.29 貝果整形手法 A 無料麵團）

☐4 **最後發酵**：置於 32℃ 環境下，最後發酵 30 分鐘，至麵團呈 1.5 倍大。

☐5 **煮貝果**：將煮貝果水煮至冒出小泡泡，放入發酵好的貝果，正反兩面各煮約 30 秒後，撈起。全部煮完後，麵團底部沾上白芝麻，表面中間放上一塊有鹽奶油。

☐6 **烤焙**：烤箱設定上下火 220℃，烤 16 ～ 18 分鐘左右。烤箱如有旋風功能，最後 5 分鐘開旋風，可讓上色更加均勻。
　（烤溫和時間請依自家烤箱狀況自行調整。）

☐7 出爐後，趁熱在貝果表面刷上牛奶，可使貝果表面變得十分油亮。

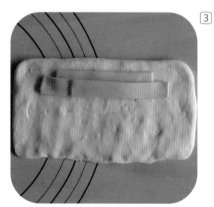

⑤

芥末籽脆腸貝果

多汁鹹香的德國香腸與芥末籽醬微酸的滋味，巧妙的搭配在一起，分量感十足，直接當成早午餐享用也沒問題。

食譜分量		5 個
麵團材料	高筋麵粉	300 g
	三溫糖	9 g
	鹽	3 g
	水	165 g
	速發酵母	3 g
內餡	德國香腸	2 條
	芥末籽醬	適量
	現磨黑胡椒粒	適量
表面裝飾	帕瑪森起司粉	適量

麵團終溫	24℃最佳
煮貝果水	砂糖 50 g ＋ 水 1000 ml
書中使用麵粉蛋白質（％）	13 ～ 14.2％

如使用與書中不同麵粉的蛋白質比例時，
請根據麵粉的吸水率調節水量。

｜ 內餡作法 ｜

德國香腸對切成小塊後，平底鍋不加油，直接放入乾煎至兩面呈金黃色，起鍋放涼備用。

步驟 ——

①　將所有材料放入攪拌機，攪拌至呈現光滑具有彈性的麵團，約 7 ～ 8 成筋厚膜狀態。

②　免基礎發酵。直接分割成 5 個麵團，輕輕滾圓，放室溫鬆弛 20 分鐘左右。

③　**整形**：擀開、翻面、整平、抹上芥末籽醬、放上德國香腸、撒上黑胡椒粒，捲起，整成貝果形狀。
　　（請參考 P.29 貝果整形手法 A 無料麵團）

④　**最後發酵**：置於 32℃ 環境下，最後發酵 30 分鐘，至麵團呈 1.5 倍大。

⑤　**煮貝果**：將煮貝果水煮至冒出小泡泡，放入發酵好的貝果，正反兩面各煮約 30 秒後，撈起。全部煮完後，麵團表面撒上帕瑪森起司粉。

⑥　**烤焙**：烤箱設定上下火 220℃，烤 18 分鐘左右。烤箱如有旋風功能，最後 5 分鐘開旋風，可讓上色更加均勻。
　　（烤溫和時間請依自家烤箱狀況自行調整。）

穀物杏仁奶酥貝果

享用這款貝果時，記得置於室溫退冰後，對半橫剖，放入氣炸鍋中將表面烤得酥脆，再與生菜、酪梨、炒蛋結合成完美的早餐餐盤，用營養又健康的一餐開啟充滿元氣的一天。

食譜分量		6 個
麵團材料	高筋麵粉	300 g
	砂糖	6 g
	鹽	3 g
	水	165 g
	低糖酵母	3 g
表面裝飾	白芝麻與黑芝麻	混合

麵團終溫	24℃最佳
煮貝果水	砂糖 50 g ＋ 水 1000 ml
書中使用麵粉蛋白質（%）	14.2%

如使用與書中不同麵粉的蛋白質比例時，
請根據麵粉的吸水率調節水量。

杏仁奶酥醬

無糖杏仁醬	80 g
三溫糖	30 g
奶粉	16 g

可使用市售無糖的杏仁醬，開封時將杏仁醬表面多餘的油脂倒掉，攪拌均勻後才與其他材料混合，每個貝果塗抹約 21g 的量，完成後才不會爆餡。

作法

全部混合均勻即可。

步驟 ——

1. 將所有麵團材料放入攪拌機，攪拌至呈現光滑具有彈性的麵團，約 8～9 成筋厚膜狀態。

2. 免基礎發酵。直接分割成 6 個，輕輕滾圓，放室溫鬆弛 25 分鐘左右。

3. **整形**：壓平、翻面、整平、抹上杏仁奶酥醬，捲起，整成貝果形狀。
   （請參考 P.29 貝果整形手法 A 無料麵團）

   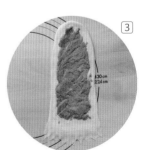

4. **最後發酵**：置於 32℃ 環境下，最後發酵 30 分鐘，至麵團呈 1.5 倍大。

5. **煮貝果**：將煮貝果水煮至冒出小泡泡，放入發酵好的貝果，正反兩面各煮約 30 秒後，撈起。表面再沾上混合好的黑白芝麻粒。

6. **烤焙**：烤箱設定上下火 220℃，烤 18 分鐘左右。烤箱如有旋風功能，最後 6 分鐘開旋風，可讓上色更加均勻。
   （烤溫和時間請依自家烤箱狀況自行調整。）

洋蔥培根貝果

咬下的瞬間，感受到表面起司絲經過烤焙後的酥脆口感，接著是柔軟帶 Q 的麵包體，帶有黑胡椒與洋蔥的香氣，香脆的培根混入麵團中，有著畫龍點睛的效果，喜歡鹹口味貝果的你，絕對不能錯過。

食譜分量		5 個
麵團材料	高筋麵粉	300 g
	三溫糖	9 g
	鹽	3 g
	水	160 g
	低糖酵母	3 g
	炒過的洋蔥培根丁	全部
洋蔥培根丁	培根丁	50 g
	洋蔥丁	50 g
	現磨黑胡椒	少許
表面裝飾	起司絲	適量
	洋蔥絲	適量

麵團終溫	24℃最佳
煮貝果水	砂糖 50 g ＋ 水 1000 ml
書中使用麵粉蛋白質（％）	13 ～ 14.2%

*如使用與書中不同麵粉的蛋白質比例時，
請根據麵粉的吸水率調節水量。*

┃ 洋蔥培根丁作法 ┃

平底鍋不放油，將培根炒出油，再放入洋蔥丁、黑胡椒炒香後，放涼備用。

步驟 ——

1. 將所有麵團材料放入攪拌機，攪拌至呈現光滑具有彈性的麵團，約 8～9 成筋厚膜狀態。

2. 免基礎發酵。直接分割成 5 個麵團，輕輕滾圓，放室溫鬆弛 20 分鐘左右。

3. **整形**：壓平、翻面、整平、捲起，整成貝果形狀。
   （*請參考 P.31 貝果整形手法 B 有料麵團*）

4. **最後發酵**：置於 32℃ 環境下，最後發酵 30 分鐘，至麵團呈 1.5 倍大。

5. **煮貝果**：將煮貝果水煮至冒出小泡泡，放入發酵好的貝果，正反兩面各煮約 30 秒後，撈起。表面放上起司絲與洋蔥絲作裝飾。

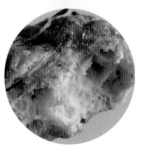

6. **烤焙**：烤箱設定上下火 220℃，烤 16～18 分鐘左右。烤箱如有旋風功能，最後 5 分鐘開旋風，可讓上色更加均勻。（*烤溫和時間請依自家烤箱狀況自行調整。*）喜歡較濃的黑胡椒味，可以在出爐後再補撒上。

藍莓奶油貝果

果乾貝果的全新滋味！藍莓果乾與包入麵團中的無鹽奶油結合，奶香與藍莓的酸甜味，讓人一聞到香氣就食指大動。

食譜分量		5 個
麵團材料	高筋麵粉	300 g
	砂糖	6 g
	鹽	3 g
	水	165 g
	低糖酵母	3 g
	藍莓果乾	45 g
	（藍莓果乾請用熱水濾過 2 次，吸乾水分備用）	
	核桃	20 g
內餡	無鹽奶油	5 ～ 6 g / 個

麵團終溫	24℃最佳
煮貝果水	砂糖 50 g ＋ 水 1000 ml
書中使用麵粉蛋白質（％）	13 ～ 14.2%

如使用與書中不同麵粉的蛋白質比例時，
請根據麵粉的吸水率調節水量。

步驟 ——

1. 將所有麵團材料放入攪拌機，攪拌至呈現光滑具有彈性的麵團，約 8 ～ 9 成筋厚膜狀態。

② 免基礎發酵。直接分割成 5 個麵團，輕輕滾圓，放室溫鬆弛 20 分鐘左右。

③ **整形**：壓平、翻面、整平、放上無鹽奶油，捲起，整成貝果形狀。
（*請參考 P.31 貝果整形手法 B 有料麵團*）

④ **最後發酵**：置於 32℃ 環境下，最後發酵 30 分鐘，至麵團呈 1.5 倍大。

⑤ **煮貝果**：將煮貝果水煮至冒出小泡泡，放入發酵好的貝果，正反兩面各煮約 30 秒後，撈起。

⑥ **烤焙**：烤箱設定上下火 220℃，烤 16 ～ 18 分鐘左右。烤箱如有旋風功能，最後 5 分鐘開旋風，可讓上色更加均勻。
（*烤溫和時間請依自家烤箱狀況自行調整。*）

⑦ 出爐後，趁熱在貝果表面刷上牛奶，可使貝果表面變得十分油亮。

15%全麥貝果

來吃三明治吧！徹底改變你對全麥貝果乾巴巴的印象。拿來夾餡做成貝果三明治，或是塗上奶油乳酪撒上堅果，再淋上一點楓糖當成開放式貝果，不論哪一種方式，都會讓全麥貝果變得非常美味。

食譜分量		5 個
麵團材料	高筋麵粉	255 g
	全麥麵粉（T150）	45 g
	奶粉	15 g
	蜂蜜	6 g
	三溫糖	6 g
	鹽	4.5 g
	水	174 g
	速發酵母	3 g

麵團終溫		25 ～ 26℃最佳
煮貝果水	砂糖 50 g ＋ 水 1000 ml	
書中使用麵粉蛋白質（%）	高筋麵粉 11.5%	
	全麥麵粉（T150）12%	

如使用與書中不同麵粉的蛋白質比例時，
請根據麵粉的吸水率調節水量。

步驟 ——

1. 將所有麵團材料放入攪拌機，攪拌至呈現光滑具有彈性的麵團，約 8 成筋厚膜狀態。

② 免基礎發酵。麵團打好後，收圓密封好放入冰箱冷藏，鬆弛 30 分鐘。

③ 將步驟②取出，分割成 5 個麵團，輕輕滾圓，放室溫鬆弛 10 分鐘左右。

④ **整形**：壓平、翻面、整平，捲起，整成貝果形狀。
（請參考 P.29 貝果整形手法 A 無料麵團）

⑤ **最後發酵**：置於 32℃ 環境下，最後發酵 30 分鐘，至麵團呈 1.5 倍大。

⑥ **煮貝果**：將煮貝果水煮至冒出小泡泡，放入發酵好的貝果，正反兩面各煮約 20 秒後，撈起。

⑦ **烤焙**：烤箱設定上下火 220℃，烤 18 ～ 19 分鐘左右。烤箱如有旋風功能，最後 6 分鐘開旋風，可讓上色更加均勻。
（烤溫和時間請依自家烤箱狀況自行調整。）

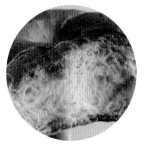

⑧ 出爐後，貝果在烤盤上時請馬上先噴水，可讓貝果表面維持光澤感。

黑芝麻貝果

某一天，發現了一款口味很特別的黑芝麻內餡，原來是加了椰子油，吃起來毫無違和感，是吃過會想念的味道。嘗試過許多次，覺得這款內餡非常香，極力推薦給大家。

食譜分量		7 個
麵團材料	高筋麵粉	300 g
	蜂蜜	6 g
	三溫糖	6 g
	鹽	4.5 g
	奶粉	15 g
	水	172 g
	速發酵母	3 g
	黑芝麻粒	16 g

麵團終溫	25 ～ 26℃最佳
煮貝果水	砂糖 50 g ＋ 水 1000 ml
書中使用麵粉蛋白質（%）	11.5%

如使用與書中不同麵粉的蛋白質比例時，
請根據麵粉的吸水率調節水量。

黑芝麻餡

黑芝麻（粉或粒皆可）	85 g
三溫糖	20 g
奶粉	12 g
椰子油	6 g

| 作法 |

將黑芝麻餡材料全部放入食物調理機中，打至微微出油即可。

步驟 ——

① 除黑芝麻粒之外，將所有麵團材料放入攪拌機，攪拌至呈現光滑具有彈性的麵團，約 8 成筋厚膜狀態。

② 步驟 ① 放入黑芝麻粒，轉慢速攪拌均勻。

③ 免基礎發酵。麵團打好後，收圓密封好放入冰箱冷藏，鬆弛 30 分鐘。

④ 將步驟 ③ 取出，分割成 7 個麵團，輕輕滾圓，放室溫鬆弛 10 分鐘左右。

⑤ **整形**：壓平、翻面、整平、抹上黑芝麻餡，捲起，整成貝果形狀。
（請參考 P.31 貝果整形手法 B 有料麵團）

⑥ **最後發酵**：置於 32°C 環境下，最後發酵 30 分鐘，至麵團呈 1.5 倍大。

越咀嚼越香的貝果

直接法‧低糖低油

④

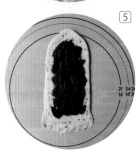

⑤

⑦ **煮貝果**：將煮貝果水煮至冒出小泡泡，放入發酵好的貝果，
　　正反兩面各煮約 20 秒後，撈起。

⑧ **烤焙**：烤箱設定上下火 220℃，烤 18 ～ 19 分鐘左右。
　　烤箱如有旋風功能，最後 6 分鐘開旋風，可讓上色更加均勻。
　　（烤溫和時間請依自家烤箱狀況自行調整。）

⑨ 出爐後，貝果在烤盤上時請馬上先噴水，可讓貝果表面維持
　　光澤感。

墨西哥辣椒脆腸貝果

將微酸的醃漬墨西哥辣椒切碎,與貝果麵團一起攪拌,再包入德國香腸與起司做為內餡,是吃起來超級滿足的正餐麵包。

食譜分量		5 個
麵團材料	高筋麵粉	300 g
	三溫糖	10 g
	鹽	4.5 g
	奶粉	15 g
	水	171 g
	速發酵母	3 g
	無鹽奶油	6 g
	墨西哥辣椒碎	18 g
內餡	德國香腸	2 根
	起司片	2 片

麵團終溫	25 ～ 26℃ 最佳
煮貝果水	砂糖 50 g ＋ 水 1000 ml
書中使用麵粉蛋白質(%)	11.5%

*如使用與書中不同麵粉的蛋白質比例時,
請根據麵粉的吸水率調節水量。*

┃ 內餡作法 ┃

德國香腸切成小丁狀,分成 5 份;起司切分成 5 等份,備用。

步驟 ——

1. 除了墨西哥辣椒以外，將所有麵團材料放入攪拌機，攪拌至呈現光滑
   具有彈性的麵團，約 8 成筋厚膜狀態。

2. 將步驟 1 放入墨西哥辣椒碎，轉慢速攪拌均勻。

3 免基礎發酵。麵團打好後，收圓密封好放入冰箱冷藏，鬆弛 30 分鐘。

4 將步驟 3 取出，分割成 5 個麵團，輕輕滾圓，放室溫鬆弛 10 分鐘左右。

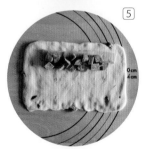

5 **整形**：壓平、翻面、整平、包入內餡，捲起，整成貝果形狀。 *（請參考 P.31 貝果整形手法 B 有料麵團）*

6 **最後發酵**：置於 32°C 環境下，最後發酵 30 分鐘，至麵團 呈 1.5 倍大。

7 **煮貝果**：將煮貝果水煮至冒出小泡泡，放入發酵好的貝果， 正反兩面各煮約 20 秒後，撈起。

8 貝果表面擺上起司絲與墨西哥辣椒碎作裝飾。

9 **烤焙**：烤箱設定上火 230°C、下火 180°C，烤 18 分鐘左右。 烤箱如有旋風功能，最後 6 分鐘開旋風，可讓上色更加均 勻。（*烤溫和時間請依自家烤箱狀況自行調整。*）

德腸起司貝果

滿滿餡料、肉感十足！將德國香腸先進行乾煎，釋放出多餘的油脂，減少攝入過多油脂造成身體負擔，既能大口吃肉又能替健康把關。

食譜分量		5 個
麵團材料	高筋麵粉	300 g
	三溫糖	10 g
	鹽	4.5 g
	奶粉	15 g
	水	173 g
	速發酵母	3 g
	無鹽奶油	6 g
	白芝麻粒	16 g
內餡	德國香腸	2 根
	起司片	2 片

麵團終溫	25 ～ 26℃最佳
煮貝果水	砂糖 50 g ＋ 水 1000 ml
書中使用麵粉蛋白質（％）	11.5％

如使用與書中不同麵粉的蛋白質比例時，
請根據麵粉的吸水率調節水量。

┃ 內餡作法 ┃

德國香腸切小丁，平底鍋不放油乾煎至金黃微焦後放涼；起司分切成 5 等份後，備用。

步驟 ——

1. 先將所有麵團材料放入攪拌機，攪拌至呈現光滑具有彈性的麵團，約 8 成筋厚膜狀態。

2. 免基礎發酵。麵團打好後，收圓密封好放入冰箱冷藏，鬆弛 30 分鐘。

3. 將步驟 2 取出，分割成 5 個麵團，輕輕滾圓，放室溫鬆弛 10 分鐘左右。

4. **整形**：壓平、翻面、整平、包入內餡，捲起，整成貝果形狀。
   （請參考 P.31 貝果整形手法 B 有料麵團）

5. **最後發酵**：置於 32℃ 環境下，最後發酵 30 分鐘，至麵團呈 1.5 倍大。

6. **煮貝果**：將煮貝果水煮至冒出小泡泡，放入發酵好的只果，正反兩面各煮約 20 秒後，撈起。

7. **烤焙**：烤箱設定上火 230℃、下火 180℃，烤 18 分鐘左右。
   （烤溫和時間請依自家烤箱狀況自行調整。）

8. 出爐後，貝果在烤盤上時請馬上先噴水，可讓貝果表面維持光澤感。

胡椒乳酪丁貝果

在本書中使用率很高的一款香料，就是現磨黑胡椒粉。以黑
胡椒提升香氣，再加上乳酪丁，多層次的鹹口味與起司交織
出令人一口接一口的美味。

食譜分量		5 個
麵團材料	高筋麵粉	300 g
	三溫糖	10 g
	鹽	4.5 g
	奶粉	15 g
	水	170 g
	速發酵母	3 g
	無鹽奶油	6 g
	現磨黑胡椒粉	3 g
內餡	耐烤乳酪丁	75 g
		（15 g / 個）
	現磨黑胡椒粉	適量

麵團終溫	25 ～ 26℃最佳
煮貝果水	砂糖 50 g ＋ 水 1000 ml
書中使用麵粉蛋白質（％）	11.5%

如使用與書中不同麵粉的蛋白質比例時，
請根據麵粉的吸水率調節水量。

步驟 ——

1. 先將所有麵團材料放入攪拌機，攪拌至呈現光滑具有彈性的麵團，約 8 成筋厚膜狀態。

2. 免基礎發酵。麵團打好後，收圓密封好放入冰箱冷藏，鬆弛 30 分鐘。

3. 將步驟 ② 取出，分割成 5 個麵團，輕輕滾圓，放室溫鬆弛 10 分鐘左右。

4. **整形**：壓平、翻面、整平、包入內餡，捲起，整成貝果形狀。
   （請參考 P.31 貝果整形手法 B 有料麵團）

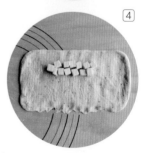

5. **最後發酵**：置於 32℃ 環境下，最後發酵 30 分鐘，至麵團呈 1.5 倍大。

6. **煮貝果**：水煮至冒出小泡泡，放入發酵好的貝果，正反面各煮約 20 秒後撈起。表面撒上黑胡椒。

7. **烤焙**：烤箱設定上火 230℃、下火 180℃，烤 16 ～ 18 分鐘左右。
   （烤溫和時間請依自家烤箱狀況自行調整。）

奧利奧乳酪貝果

可可與奶油乳酪做成內餡，絕妙的搭配竟然出奇的好吃。貝果橫切復熱時，切面外層露出可可餡，吃起來就像奧利奧餅乾的味道，而內層則是非常濃郁的可可乳酪餡。

食譜分量		5 個
麵團材料	高筋麵粉	300 g
	三溫糖	10 g
	鹽	4.5 g
	水	170 g
	速發酵母	3 g
	無鹽奶油	6 g
內餡	耐烤巧克力豆	40 g
		（8 g / 個）
	可可乳酪餡	
表面裝飾	奧利奧巧克力餅乾碎片	

麵團終溫		25 ～ 26℃最佳
煮貝果水	砂糖 50 g ＋ 水 1000 ml	
書中使用麵粉蛋白質（%）		11.5%

如使用與書中不同麵粉的蛋白質比例時，
請根據麵粉的吸水率調節水量。

可可乳酪餡

奶油乳酪	50 g
砂糖	10 g
無鹽奶油	4 g
奶粉	70 g
可可粉	8 g

｜ 作法 ｜

(1) 奶油乳酪與無鹽奶油先放置室溫軟化，備用。

(2) 作法 (1) 加入砂糖，壓拌均勻，再加入奶粉與可可粉拌勻，戴上手套用手抓拌均勻，至成團狀態即可。

(3) 將完成的可可乳酪餡均分成 5 份，備用。

(3)

步驟 ——

① 先將所有麵團材料放入攪拌機，攪拌至呈現光滑具有彈性的麵團，約 8 成筋厚膜狀態。

② 免基礎發酵。麵團打好後，收圓密封好放入冰箱冷藏，鬆弛 30 分鐘。

③ 將步驟 ② 取出，分割成 5 個麵團，輕輕滾圓，放室溫鬆弛 10 分鐘左右。

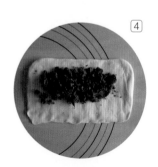
④

④ **整形**：壓平、翻面、整平、包入內餡，捲起，整成貝果形狀。
（請參考 P.29 貝果整形手法 A 無料麵團）

⑤ **最後發酵**：置於 32℃ 環境下，最後發酵 30 分鐘，至麵團呈 1.5 倍大。

6 **煮貝果**：水煮至冒出小泡泡，放入發酵好的貝果，正反面各煮約 20
秒後撈起。表面撒上奧利奧巧克力餅乾碎片。

7 **烤焙**：烤箱設定上下火 220℃，烤 16 ～ 18 分鐘左右。
（烤溫和時間請依自家烤箱狀況自行調整。）

巧克力橙皮貝果

巧克力與橙皮丁的果香味極搭，很常被拿來運用在麵包製作上，是一款很經典的口味組合。

食譜分量		5 個
麵團材料	高筋麵粉	300 g
	三溫糖	10 g
	鹽	4.5 g
	水	180 g
	可可粉	15 g
	速發酵母	3 g
	無鹽奶油	6 g
	糖漬橙皮丁	30 g
內餡	70%苦甜巧克力	35 g
		（7g／個）

麵團終溫	25 ～ 26℃最佳
煮貝果水	水 1000 ml
書中使用麵粉蛋白質（％）	11.5%

如使用與書中不同麵粉的蛋白質比例時，
請根據麵粉的吸水率調節水量。

步驟 ——

1. 除橙皮丁之外，將所有麵團材料放入攪拌機，攪拌至呈現光滑具有彈性的麵團，約 8 成筋厚膜狀態。

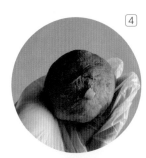

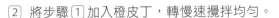

② 將步驟 ① 加入橙皮丁，轉慢速攪拌均勻。

③ 免基礎發酵。麵團打好後，收圓密封好放入冰箱冷藏，鬆弛 30 分鐘。

④ 將步驟 ③ 取出，分割成 5 個麵團，輕輕滾圓，放室溫鬆弛 10 分鐘左右。

⑤ **整形**：壓平、翻面、整平、包入內餡，捲起，整成貝果形狀。
（請參考 P.31 貝果整形手法 B 有料麵團）

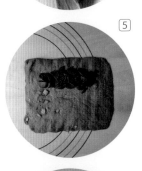

⑥ **最後發酵**：置於 32°C 環境下，最後發酵 30 分鐘，至麵團呈 1.5 倍大。

⑦ **煮貝果**：水煮至冒出小泡泡，放入發酵好的貝果，正反面各煮約 20 秒後撈起。

⑧ **烤焙**：烤箱設定上下火 220°C，烤 16 ～ 18 分鐘左右。
（烤溫和時間請依自家烤箱狀況自行調整。）

⑨ 出爐後，趁熱快速刷上一層牛奶，讓貝果表面維持亮度。

脆皮杏仁貝果

今日份元氣滿滿的杏仁貝果，外酥內軟、香甜可口，口感和
香氣都滿分，杏仁的獨特香氣更是讓人嚐過一次就印象深刻！

食譜分量		5 個
麵團材料	高筋麵粉	300 g
	三溫糖	6 g
	鹽	3.5 g
	牛奶	195 g
	速發酵母	3 g
	無鹽奶油	6 g
表面裝飾	糖粉、杏仁片	適量

（烤盤請鋪上烘焙紙）

麵團終溫	25℃最佳
煮貝果水	砂糖 50 g ＋ 水 1000 ml
書中使用麵粉蛋白質（％）	11.8%

如使用與書中不同麵粉的蛋白質比例時，
請根據麵粉的吸水率調節水量。

脆皮杏仁醬

蛋清	75 g
糖粉	50 g
杏仁粉	75 g

| 作法 |

(1) 將蛋清與糖粉混合攪拌。

(2) 再加入杏仁粉攪拌均勻。

(3) 完成的杏仁醬狀態偏濃稠,裝入擠花袋中備用。可先放入冷藏保
存,麵團後發時再取出回溫即可。

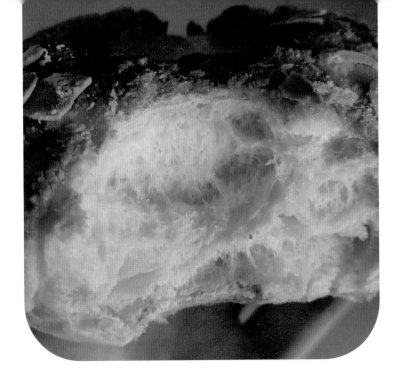

步驟 ——

1. 先將所有麵團材料放入攪拌機，攪拌至呈現光滑具有彈性的麵團，約 8 成筋厚膜狀態。

2. 免基礎發酵。直接分割成 5 個麵團，輕輕滾圓，放室溫鬆弛 20 分鐘左右。

3. **整形**：壓平、翻面、整平、捲起，整成貝果形狀。
   （請參考 P.29 貝果整形手法 A 無料麵團）

4. **最後發酵**：置於 32°C 環境下，最後發酵 30 分鐘，至麵團呈 1.5 倍大。

5. **煮貝果**：將煮貝果水煮至冒出小泡泡，放入發酵好的貝果，正反兩面各煮約 15 秒後，撈起。

6. 表面先擠上脆皮杏仁醬，放上杏仁片，最後撒上糖粉即可。

7. **烤焙**：置於烤箱中倒數第二層，設定上火 220°C、下火 200°C，烤 18 分鐘左右。
   （烤溫和時間請依自家烤箱狀況自行調整。）

墨西哥核桃貝果

墨西哥麵包應是許多人的兒時記憶，外皮吃起來甜甜脆脆的，
是一款很受孩子歡迎的麵包。某天在做貝果的時候，突發奇想，
將貝果擠上墨西哥醬，香甜滋味不禁喚起美好的童年回憶。

食譜分量		5 個
麵團材料	高筋麵粉	300 g
	三溫糖	6 g
	鹽	3.5 g
	牛奶	190 g
	速發酵母	3 g
	無鹽奶油	6 g
表面裝飾	核桃碎	適量
	（烤盤請鋪上烘焙紙）	

麵團終溫	25℃最佳
煮貝果水	砂糖 50 g ＋ 水 1000 ml
書中使用麵粉蛋白質（％）	11.8%

如使用與書中不同麵粉的蛋白質比例時，
請根據麵粉的吸水率調節水量。

原味墨西哥醬

無鹽奶油	35 g
糖粉	25 g
全蛋液	35 g
低筋麵粉	20 g

| 作法 |

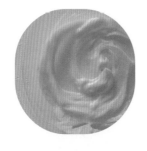

(1) 先將室溫軟化後的無鹽奶油加入糖粉拌勻。

(2) 將全蛋液分次加入作法(1)攪拌均勻。

(3) 低筋麵粉過篩後,加入作法(2)的奶油蛋液中,攪拌均勻。

(4) 裝入擠花袋中備用。可先放入冷藏保存,麵團後發時再取出回溫即可。

步驟 ——

1. 先將所有麵團材料放入攪拌機，攪拌至呈現光滑具有彈性的麵團，約 8 成筋厚膜狀態。

2. 免基礎發酵。直接分割成 5 個麵團，輕輕滾圓，放室溫鬆弛 20 分鐘 左右。

3. **整形**：壓平、翻面、整平、捲起，整成貝果形狀。
   （請參考 P.29 貝果整形手法 A 無料麵團）

4. **最後發酵**：置於 32℃ 環境下，最後發酵 30 分鐘，至麵團呈 1.5 倍大。

5. **煮貝果**：將煮貝果水煮至冒出小泡泡，放入發酵好的貝果，正反兩面 各煮約 15 秒後，撈起。

6. 貝果表面撒上一圈核桃碎，再擠上原味墨西哥醬即完成。

7. **烤焙**：置於烤箱中倒數第二層，設定上火 220℃、下火 180℃，烤 18 分鐘左右。
   （烤溫和時間請依自家烤箱狀況自行調整。）

脆脆摩卡貝果

值得花時間製作的脆脆摩卡貝果，巧克力脆皮的外層，搭上鬆軟有嚼勁的咖啡口味貝果，口感扎實豐富，豪華組合一點也不輸巧克力蛋糕。

食譜分量		5 個
麵團材料	高筋麵粉	300 g
	三溫糖	6 g
	鹽	3.5 g
	牛奶	172 g
	速發酵母	3 g
	無鹽奶油	6 g
	即溶咖啡粉	6 g
	水	10 g
	（先將咖啡粉與水混合，備用）	
表面裝飾	耐烤巧克力豆	適量
	（烤盤請鋪上烘焙紙）	

麵團終溫		25℃最佳
煮貝果水	砂糖 50 g ＋ 水 1000 ml	
書中使用麵粉蛋白質（％）		11.8%

如使用與書中不同麵粉的蛋白質比例時，
請根據麵粉的吸水率調節水量。

可可脆皮醬

無鹽奶油	25 g
糖粉	20 g
全蛋液	25 g
低筋麵粉	25 g
可可粉	6 g

┃ 作法 ┃

(1) 先將室溫軟化後的無鹽奶油加入糖粉拌勻。

(2) 將全蛋液分次加入作法(1)攪拌均勻。

(3) 低筋麵粉與可可粉混合後過篩，加入作法(2)的奶油蛋液中攪拌均勻。

(4) 裝入擠花袋中備用。可先放入冷藏保存，麵團後發時再取出回溫即可。

步驟 ——

1. 先將所有麵團材料放入攪拌機，攪拌至呈現光滑具有彈性的麵團，約 8 成筋厚膜狀態。

2. 免基礎發酵。直接分割成 5 個麵團，輕輕滾圓，放室溫鬆弛 20 分鐘左右。

3. **整形**：壓平、翻面、整平、捲起，整成貝果形狀。
   （請參考 P.29 貝果整形手法 A 無料麵團）

4. **最後發酵**：置於 32℃ 環境下，最後發酵 30 分鐘，至麵團呈 1.5 倍大。

5. **煮貝果**：將煮貝果水煮至冒出小泡泡，放入發酵好的貝果，正反兩面各煮約 15 秒後，撈起。

6. 貝果表面擠上可可脆皮醬，再放上耐烤巧克力豆即完成。

7. **烤焙**：置於烤箱中倒數第二層，設定上火 220℃、下火 180℃，烤 18 分鐘左右。
   （烤溫和時間請依自家烤箱狀況自行調整。）

雪芙貝果

甜度適中,回烤後表皮的雪芙醬口感薄脆、奶香十足,咬下去
的麵包體口感偏柔軟,是一款吃了嘴巴不會累的貝果。

食譜分量		5 個
麵團材料	高筋麵粉	300 g
	三溫糖	6 g
	鹽	3.5 g
	牛奶	195 g
	速發酵母	3 g
	無鹽奶油	6 g
	(烤盤請鋪上烘焙紙)	

麵團終溫		25℃最佳
煮貝果水	砂糖 50 g + 水 1000 ml	
書中使用麵粉蛋白質(%)		11.8%

如使用與書中不同麵粉的蛋白質比例時,
請根據麵粉的吸水率調節水量。

雪芙醬

無鹽奶油	25 g
糖粉	20 g
低筋麵粉	25 g
牛奶	22 g

┃ 作法 ┃

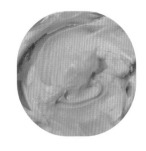

(1) 先將已軟化的無鹽奶油與糖粉混合拌勻。

(2) 將低筋麵粉加入作法(1)攪拌均勻。

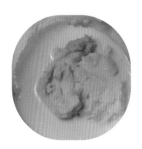

(3) 最後加入牛奶拌勻。

(4) 完成的雪芙醬呈現絲滑狀態。裝入擠花袋中備用。可先放入冷藏保存，麵團後發時再取出回溫即可。

步驟 ——

1. 先將所有麵團材料放入攪拌機，攪拌至呈現光滑具有彈性的麵團，約 8 成筋厚膜狀態。

2. 免基礎發酵。直接分割成 5 個麵團，輕輕滾圓，放室溫鬆弛 20 分鐘左右。

3. **整形**：壓平、翻面、整平、捲起，整成貝果形狀。
   （請參考 P.29 貝果整形手法 A 無料麵團）

4. **最後發酵**：置於 32°C 環境下，最後發酵 30 分鐘，至麵團呈 1.5 倍大。

5. **煮貝果**：將煮貝果水煮至冒出小泡泡，放入發酵好的貝果，正反兩面各煮約 15 秒後，撈起。

6. 貝果表面擠上雪芙醬。

7. **烤焙**：置於烤箱中倒數第二層，設定上火 220°C、下火 180°C，烤 16 ～ 18 分鐘左右。
   （烤溫和時間請依自家烤箱狀況自行調整。）

咖啡堅果貝果

脆皮杏仁貝果的變化版，更加濃醇且香氣十足。如果你喜歡大人感的咖啡味，一定要嘗試這款貝果。

食譜分量		5 個
麵團材料	高筋麵粉	300 g
	三溫糖	6 g
	鹽	3.5 g
	牛奶	195 g
	速發酵母	3 g
	無鹽奶油	6 g
表面裝飾	糖粉、杏仁片	適量
	（烤盤請鋪上烘焙紙）	

麵團終溫	25℃最佳
煮貝果水	砂糖 50 g ＋ 水 1000 ml
書中使用麵粉蛋白質（％）	11.8%

如使用與書中不同麵粉的蛋白質比例時，
請根據麵粉的吸水率調節水量。

咖啡堅果醬

蛋清	50 g
糖粉	30 g
杏仁粉	50 g
咖啡粉	3 g

| 作法 |

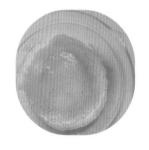

(1) 先將蛋清與糖粉混合攪拌。

(2) 再將杏仁粉與咖啡粉加入作法 (1)攪拌均勻。

(3) 裝入擠花袋中備用。可先放入冷藏保存,麵團後發時再取出回溫即可。

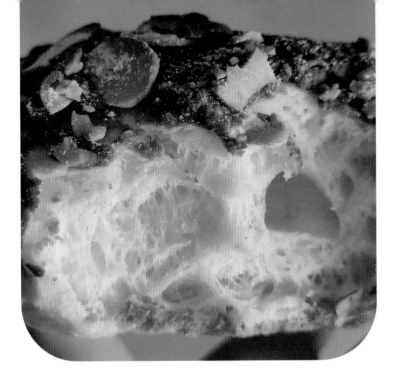

步驟 ——

1. 先將所有麵團材料放入攪拌機，攪拌至呈現光滑具有彈性的麵團，約 8 成筋厚膜狀態。

2. 免基礎發酵。直接分割成 5 個麵團，輕輕滾圓，放室溫鬆弛 20 分鐘左右。

3. **整形：**壓平、翻面、整平、捲起，整成貝果形狀。
   （請參考 P.29 貝果整形手法 A 無料麵團）

4. **最後發酵：**置於 32℃ 環境下，最後發酵 30 分鐘，至麵團呈 1.5 倍大。

5. **煮貝果：**將煮貝果水煮至冒出小泡泡，放入發酵好的貝果，正反兩面各煮約 15 秒後，撈起。

6. 貝果表面擠上咖啡堅果醬，放上杏仁片，最後撒上糖粉即完成。

7. **烤焙：**置於烤箱中倒數第二層，設定上火 220℃、下火 180℃，烤 18 分鐘左右。
   （烤溫和時間請依自家烤箱狀況自行調整。）

巧克力扭扭貝果

這款是常溫享用的貝果,非常具有嚼勁,一定要剖開來吃。散
發香醇的巧克力香,很適合在早晨搭配咖啡慢慢品嚐。

食譜分量		5 個
麵團材料	高筋麵粉	300 g
	砂糖	14 g
	鹽	4 g
	水	177 g
	可可粉	15 g
	速發酵母	3 g
	無鹽奶油	6 g
	耐烤巧克力豆	30 g

麵團終溫	25℃最佳
煮貝果水	水 1000 ml
書中使用麵粉蛋白質(%)	11.8%

如使用與書中不同麵粉的蛋白質比例時,
請根據麵粉的吸水率調節水量。

步驟 ——

1. 除了耐烤巧克力豆外,將所有麵團材料放入攪拌機,攪拌至呈現光滑具有彈性的麵團,約 8 成筋厚膜狀態。

2. 步驟 1 加入耐烤巧克力豆,轉慢速攪拌拌勻。

3. 免基礎發酵。麵團打好後,收圓密封好放入冰箱冷藏,鬆弛 30 分鐘。

4. 將步驟 3 分割成 5 個麵團,輕輕滾圓,冷藏鬆弛 10 分鐘左右。

5. **整形**:壓平、翻面、整平、捲起,用剪刀剪開一邊,壓平,另一隻手用滾動的方式將麵團向上滾動 2 圈,再把頭尾相接,整成貝果形狀。

6. **最後發酵**:置於 32°C 環境下,最後發酵 30 分鐘,至麵團呈 1.5 倍大。

7. **煮貝果**:將煮貝果水煮至冒出小泡泡,放入發酵好的貝果,正反兩面各煮約 20 秒後,撈起。

8. **烤焙**:烤箱設定上火 220 °C、下火 180°C,烤 16 ～ 17 分鐘左右。
   (烤溫和時間請依自家烤箱狀況自行調整。)

9. 出爐後,貝果在烤盤上時請馬上先噴水,可讓貝果表面維持光澤感。

4

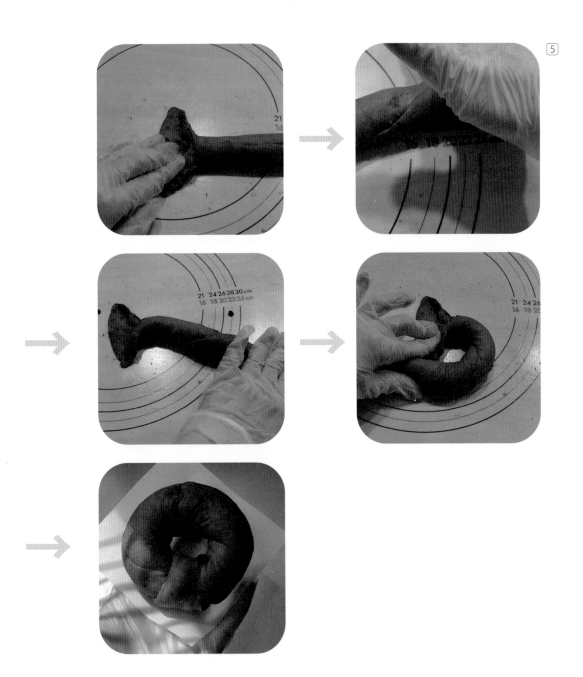

藍莓扭扭貝果

永恆不敗的藍莓口味，簡單改變一下整形的手法，令人意外
的，帶來了完全不同的嶄新口感與風味。

食譜分量		5 個
麵團材料	高筋麵粉	300 g
	砂糖	14 g
	鹽	4 g
	水	172 g
	速發酵母	3 g
	無鹽奶油	3 g
	小藍莓果乾	35 g

麵團終溫	25℃最佳
煮貝果水	砂糖 50 g ＋ 水 1000 ml
書中使用麵粉蛋白質（％）	11.8 ％

如使用與書中不同麵粉的蛋白質比例時，
請根據麵粉的吸水率調節水量。

步驟 ——

1. 除了小藍莓果乾外，將所有麵團材料放入攪拌機，攪拌至呈現光滑具
   有彈性的麵團，約 8 成筋厚膜狀態。

2. 步驟 1 加入小藍莓果乾，轉慢速攪拌均勻。

④

③ 免基礎發酵。麵團打好後，收圓密封好放入冰箱冷藏，鬆弛 30 分鐘。

④ 將步驟③分割成 5 個麵團，輕輕滾圓，冷藏鬆弛 10 分鐘左右。

⑤ **整形**：壓平、翻面、整平、捲起，用剪刀剪開一邊壓平，另一隻手用
滾動的方式將麵團向上滾動 2 圈後，再把頭尾相接，整成貝果形狀。
（可參考 P.105 製作）

⑥ **最後發酵**：置於 32℃ 環境下，最後發酵 30 分鐘，至麵團呈 1.5 倍大。

⑦ **煮貝果**：將煮貝果水煮至冒出小泡泡，放入發酵好的貝果，正反兩面
各煮約 20 秒後，撈起。

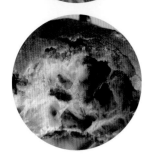

⑧ **烤焙**：烤箱設定上火 220 ℃、下火 180℃，烤 16 ～ 17 分鐘左右。
（烤溫和時間請依自家烤箱狀況自行調整。）

⑨ 出爐後，貝果在烤盤上時請馬上先噴水，可讓貝果表面維持光澤感。

液種（波蘭種）作法

液種也稱為「波蘭種」，是做麵包時經常會用到的酵種，它可以改善麵包的口感，延緩老化速度，製作上也較為簡單。由於貝果類麵團的含水量不高，添加波蘭種可以增加麵團的延展性，在攪打麵團時會比較容易。

液種培養比例		液種作法	麵團材料
取配方中麵粉的 20 ～ 40%左右		麵粉	60 g
水與麵粉比例為 1：1		水	60 g
酵母用量約 0.5 ～ 1%		速發酵母	0.6 g

以本書中 12 款貝果的液種添加，為配方中麵粉的 20%為例。

1 將麵團材料混合，攪拌至看不見乾粉即可，先置於室溫發酵 1 小時。

2 再放入冰箱冷藏發酵 12 小時以上，等待液種漲到最高點。

3 待液種從最高點開始回落，表面出現微微凹陷時即可使用。

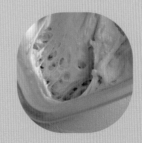

4 液種發酵完成的狀態，呈現如圖中的密集網狀。

・液種法・

卡滋原味貝果

我個人滿喜歡奇亞籽的口感，貝果煮好沾取少量，讓貝果吃起來有卡滋卡滋的口感。大家也可依自己的喜好，沾上不同的穀物一起入爐烘烤。

食譜分量		5 個
液種	高筋麵粉	60 g
	水	60 g
	速發酵母	0.6 g
主麵團	高筋麵粉	210 g
	全麥麵粉（T150）	30 g
	三溫糖	12 g
	鹽	3 g
	水	105 g
	液種	全部
	低糖酵母	2.5 g
表面裝飾	奇亞籽	適量
		（沾附貝果用）

麵團終溫	24℃最佳
煮貝果水	蜂蜜 20 g ＋ 砂糖 50 g ＋ 水 1000 ml
書中使用麵粉蛋白質（％）	高筋麵粉 14.2%
	全麥麵粉（T150）12%

如使用與書中不同麵粉的蛋白質比例時，
請根據麵粉的吸水率調節水量。

步驟 ——

1. 先做液種。操作步驟請參照 P.109 液種作法。

2. 將主麵團所有材料，含提前做好的液種，全部攪拌至呈現光滑有彈性的麵團，約 7 ～ 8 成筋厚膜狀態。

3. 免基礎發酵。步驟 2 分割成 5 個麵團，輕輕滾圓，放室溫鬆弛 10 ～ 15 分鐘左右。

4. **整形**：擀開、翻面、整平、捲起，全部依序捲完後再開始整形。整成貝果形狀。（*請參考 P.29 貝果整形手法 A 無料麵團*）

5. **最後發酵**：置於 32℃ 環境下，最後發酵 30 分鐘，至麵團呈 1.5 倍大。

6. **煮貝果**：水先煮至冒出小泡泡後，再放入發酵好的貝果，正反面各煮約 20 秒後撈起。

7. 將貝果半邊沾上奇亞籽（也可沾其它喜歡的穀物）。

8. **烤焙**：烤箱設定上火 220℃、下火 180℃，烤 16 ～ 18 分鐘左右。烤箱如有旋風功能，最後 5 分鐘開旋風讓上色更均勻。
   （*烤溫和時間請依自家烤箱狀況自行調整。*）

9. 出爐後，貝果在烤盤上時請馬上先噴水，可讓貝果表面維持光澤感。移到冷卻網架後再噴一次水。

肉鬆貝果

台灣特有的經典古早味，有別於傳統的肉鬆軟麵包，富有嚼勁的貝果讓整體吃起來較不膩口。

食譜分量		5 個
液種	高筋麵粉	60 g
	水	60 g
	速發酵母	0.6 g
主麵團	高筋麵粉	210 g
	全麥麵粉（T150）	30 g
	三溫糖	12 g
	鹽	3 g
	水	105 g
	液種	全部
	低糖酵母	2.5 g
內餡	美乃滋	適量
	無添加肉鬆	60 g
		（12 g / 個）

麵團終溫	24℃最佳
煮貝果水	砂糖 50 g ＋ 水 1000 ml
書中使用麵粉蛋白質（％）	高筋麵粉 14.2%
	全麥麵粉（T150）12%

如使用與書中不同麵粉的蛋白質比例時，
請根據麵粉的吸水率調節水量。

步驟 ——

① 先做液種。操作步驟請參照 P.109 液種作法。

② 將主麵團所有材料,含提前做好的液種,全部攪拌至呈現光滑有彈性的麵團,約 7 ～ 8 成筋厚膜狀態。

③ 免基礎發酵。步驟② 分割成 5 個麵團,輕輕滾圓,放室溫鬆弛 10 ～ 15 分鐘左右。

④ **整形:**擀開、翻面、整平,先抹上美乃滋再放上肉鬆,捲起,全部依序捲完後再開始整形。整成貝果形狀。
(請參考 P.29 貝果整形手法 A 無料麵團)

⑤ **最後發酵:**置於 32℃ 環境下,最後發酵 30 分鐘,至麵團呈 1.5 倍大。

⑥ **煮貝果:**水先煮至冒出小泡泡後,再放入發酵好的貝果,正反面各煮約 20 秒後撈起。

⑦ **烤焙:**烤箱設定上火 220℃、下火 180℃,烤 16 ～ 18 分鐘左右。烤箱如有旋風功能,最後 5 分鐘開旋風讓上色更均勻。
(烤溫和時間請依自家烤箱狀況自行調整。)

莓莓貝果

將三種不同的果乾放在一起，果香濃郁、口感豐富，吃起來
酸酸甜甜的，特別爽口又開胃。

食譜分量		5 個
液種	高筋麵粉	60 g
	水	60 g
	速發酵母	0.6 g
主麵團	高筋麵粉	210 g
	全麥麵粉（T150）	30 g
	蜂蜜	15 g
	鹽	3 g
	水	105 g
	液種	全部
	低糖酵母	2.5 g
	藍莓乾	15 g
	草莓果乾	15 g
	蔓越莓乾	15 g

（蔓越莓與藍莓乾可先過熱水去油後，吸乾水分備用。）

麵團終溫	24℃最佳
煮貝果水	蜂蜜 20 g ＋ 砂糖 50 g ＋ 水 1000 ml
書中使用麵粉蛋白質（％）	高筋麵粉 14.2%
	全麥麵粉（T150）12%

如使用與書中不同麵粉的蛋白質比例時，
請根據麵粉的吸水率調節水量。

步驟 ——

① 先做液種。操作步驟請參照 P.109 液種作法。

② 除了果乾外,將主麵團所有材料,含提前做好的液種,全部攪拌至呈現光滑有彈性的麵團,約 7 ～ 8 成筋厚膜狀態。

③ 將果乾全部放入步驟②,轉慢速攪拌均勻。

④ 免基礎發酵。步驟③分割成 5 個麵團,輕輕滾圓,放室溫鬆弛 20 分鐘左右。

⑤ **整形**:用手壓平、翻面、整平、捲起,整成貝果形狀。
 (請參考 P.31 貝果整形手法 B 有料麵團)

⑥ **最後發酵**:置於 32℃ 環境下,最後發酵 30 分鐘,至麵團呈 1.5 倍大。

⑦ **煮貝果**:水先煮至冒出小泡泡後,再放入發酵好的貝果,正反面各煮約 20 秒後撈起。

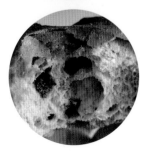

⑧ **烤焙**:烤箱設定上火 220℃、下火 180℃,烤 16 ～ 18 分鐘左右。
 (烤溫和時間請依自家烤箱狀況自行調整。)

⑨ 出爐後,貝果在烤盤上時請馬上先噴水,可讓貝果表面維持光澤感。移到冷卻網架後再噴一次水即可。

黑巧豆豆貝果

小朋友完全無法抗拒的一款巧克力貝果，巧克力分量剛剛好，不苦但卻有誘人的巧克力香。

食譜分量		5 個
液種	高筋麵粉	60 g
	水	60 g
	速發酵母	0.6 g
主麵團	高筋麵粉	210 g
	全麥麵粉（T150）	30 g
	三溫糖	12 g
	鹽	3 g
	水	110 g
	液種	全部
	低糖酵母	2.5 g
	耐烤巧克力豆	40 g

麵團終溫	24℃最佳
煮貝果水	砂糖 50 g ＋ 水 1000 ml
書中使用麵粉蛋白質（％）	高筋麵粉 14.2%
	全麥麵粉（T150）12%

如使用與書中不同麵粉的蛋白質比例時，
請根據麵粉的吸水率調節水量。

步驟 ——

① 先做液種。操作步驟請參照 P.109 液種作法。

② 除了耐烤巧克力豆外,將主麵團所有材料,含提前做好的液種,全部攪拌至呈現光滑有彈性的麵團,約 7 ～ 8 成筋厚膜狀態。

③ 將耐烤巧克力豆放入步驟 ②,轉慢速攪拌均勻。

④ 免基礎發酵。步驟 ③ 分割成 5 個麵團,輕輕滾圓,放室溫鬆弛 20 分鐘左右。

④

⑤ **整形**:用手壓平、翻面、整平、捲起,整成貝果形狀。
（請參考 P.31 貝果整形手法 B 有料麵團）

⑥ **最後發酵**:置於 32℃ 環境下,最後發酵 30 分鐘,至麵團呈 1.5 倍大。

⑦ **煮貝果**:水先煮至冒出小泡泡後,再放入發酵好的貝果,正反面各煮約 20 秒後撈起。

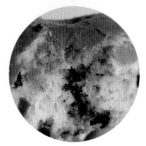

⑧ **烤焙**:烤箱設定上火 220℃、下火 180℃,烤 16 ～ 18 分鐘左右。
（烤溫和時間請依自家烤箱狀況自行調整。）

⑨ 出爐後趁熱馬上刷上一層牛奶。貝果表面就會亮亮的。

起司貝果

起司控絕對不能錯過的終極美食，盡情享受貝果拉絲的療癒感，很適合當成假日犒賞自己一週辛勞的小獎勵。

食譜分量		5 個
液種	高筋麵粉	60 g
	水	60 g
	速發酵母	0.6 g
主麵團	高筋麵粉	210 g
	全麥麵粉（T150）	30 g
	三溫糖	12 g
	鹽	3 g
	水	105 g
	液種	全部
	低糖酵母	2.5 g
內餡	披薩專用起司絲	適量
	現磨黑胡椒	適量

麵團終溫		24℃最佳
煮貝果水	砂糖 50 g ＋ 水 1000 ml	
書中使用麵粉蛋白質（％）	高筋麵粉 14.2%	
	全麥麵粉（T150）12%	

如使用與書中不同麵粉的蛋白質比例時，
請根據麵粉的吸水率調節水量。

步驟 ——

1. 先做液種。操作步驟請參照 P.109 液種作法。

2. 將主麵團所有材料，含提前做好的液種，全部攪拌至呈現光滑有彈性的麵團，約 7 ～ 8 成筋厚膜狀態。

3. 免基礎發酵。步驟2分割成 5 個麵團，輕輕滾圓，放室溫鬆弛 10 ～ 15 分鐘左右。

4. **整形：**擀開、翻面、整平，先放上起司絲再撒上黑胡椒提味，捲起，全部依序捲完後再開始整形。整成貝果形狀。
   （請參考 P.29 貝果整形手法 A 無料麵團）

5. **最後發酵：**置於 32℃ 環境下，最後發酵 30 分鐘，至麵團呈 1.5 倍大。

6. **煮貝果：**水先煮至冒出小泡泡後，再放入發酵好的貝果，正反面各煮約 20 秒後撈起。

7. **烤焙：**烤箱設定上火 220℃、下火 180℃，烤 16 ～ 18 分鐘左右。
   （烤溫和時間請依自家烤箱狀況自行調整。）

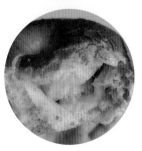

雙倍黑芝麻奶酥貝果

為什麼叫做雙倍呢？因為除了內餡是滿滿的黑芝麻奶酥外，
連麵團也加入黑芝麻粉一起攪拌，感覺吃完貝果之後，頭髮
變得更烏黑亮麗了。

食譜分量		5 個
液種	高筋麵粉	60 g
	水	60 g
	速發酵母	0.6 g
主麵團	高筋麵粉	240 g
	三溫糖	12 g
	鹽	3 g
	水	105 g
	液種	全部
	黑芝麻粉（細）	24 g
	低糖酵母	2.5 g

麵團終溫		24℃最佳
煮貝果水	砂糖 50 g ＋ 水 1000 ml	
書中使用麵粉蛋白質（%）		14.2%

如使用與書中不同麵粉的蛋白質比例時，
請根據麵粉的吸水率調節水量。

黑芝麻奶酥內餡	

分量	5 份
無鹽奶油	20 g
三溫糖	15 g
黑芝麻粉	50 g
奶粉	15 g
牛奶	20 g

∣ 作法 ∣

(1) 先將軟化的無鹽奶油與三溫糖拌勻。

(2) 再將作法 (1) 加入黑芝麻粉與奶粉拌勻。

(3) 最後拌入牛奶即可。完成的黑芝麻奶酥內餡
應是成團偏乾的狀態。

(3)

步驟 ——

1 先做液種。操作步驟請參照 P.109 液種作法。

2 將主麵團所有材料，含提前做好的液種，攪拌至光滑呈現有彈性的麵團，
約 7 ～ 8 成筋厚膜狀態。

③ 免基礎發酵。步驟②分割成 5 個麵團，輕輕滾圓，放室溫鬆弛 10 ～ 15 分鐘左右。

④ **整形**：擀開、翻面、整平、抹上內餡，捲起，整成貝果形狀。
  （請參考 P.29 貝果整形手法 A 無料麵團）

⑤ **最後發酵**：置於 32℃ 環境下，最後發酵 30 分鐘，至麵團呈 1.5 倍大。

⑥ **煮貝果**：水先煮至冒出小泡泡後，再放入發酵好的貝果，正反面各煮約 20 秒後撈起。

⑦ **烤焙**：烤箱設定上火 220℃、下火 180℃，烤 16 ～ 18 分鐘左右。
  （烤溫和時間請依自家烤箱狀況自行調整。）

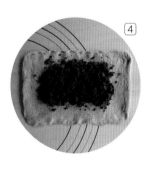

④

⑧ 出爐後，貝果在烤盤上時請馬上先噴水，可讓貝果表面維持光澤感。移到冷卻網架後再噴一次水即可。

奇亞籽草莓貝果

加入奇亞籽的貝果，低卡又高纖，還能大幅提升飽足感，推薦給想吃麵包但又怕增加負擔的你。

食譜分量		5 個
液種	高筋麵粉	60 g
	水	60 g
	速發酵母	0.6 g
主麵團	高筋麵粉	240 g
	三溫糖	15 g
	鹽	3 g
	水	85 g
	液種	全部
	低糖酵母	2.5 g
	草莓果乾	30 g
	奇亞籽	15 g
	水	30 g

（奇亞籽先泡水 5 ～ 10 分鐘後再使用）

麵團終溫	24℃最佳
煮貝果水	蜂蜜 20 g + 砂糖 50 g + 水 1000 ml
書中使用麵粉蛋白質（％）	11.8％

如使用與書中不同麵粉的蛋白質比例時，
請根據麵粉的吸水率調節水量。

步驟 ——

1. 先做液種。操作步驟請參照 P.109 液種作法。

2. 除了草莓果乾外,將主麵團所有材料,含提前做好的液種,全部攪拌
   至呈現光滑有彈性的麵團,約 7 ～ 8 成筋厚膜狀態。

3. 步驟 2 放入剪碎的草莓果乾,轉慢速攪拌均勻。

4. 免基礎發酵。步驟 3 分割成 5 個麵團,輕輕滾圓,放室溫鬆弛 15 分
   鐘左右。

5. **整形**:用手壓平、翻面、整平、捲起,整成貝果形狀。
   (請參考 P.31 貝果整形手法 B 有料麵團)

6. **最後發酵**:置於 32℃ 環境下,最後發酵 30 分鐘,至麵團呈 1.5 倍大。

7. **煮貝果**:水先煮至冒出小泡泡後,再放入發酵好的貝果,正反面各煮
   約 20 秒後撈起。

8. **烤焙**:烤箱設定上火 220℃、下火 180℃,16 ～ 18 分鐘左右。
   (烤溫和時間請依自家烤箱狀況自行調整。)

9. 出爐後,貝果在烤盤上時請馬上先噴水,可讓貝果表面維持光澤感。
   移到冷卻網架後再噴一次水即可。

4

咖啡奶油貝果

微苦的咖啡香氣和奶油形成絕妙的平衡，一口咬下，還有彷彿在喝拿鐵的感覺。

食譜分量		5 個
液種	高筋麵粉	60 g
	水	60 g
	速發酵母	0.6 g
主麵團	高筋麵粉	240 g
	三溫糖	12 g
	鹽	3 g
	水	105 g
	液種	全部
	咖啡粉	6 g
	低糖酵母	2.5 g
內餡	無鹽奶油	25 g
		（5 g / 個）

麵團終溫	24℃最佳
煮貝果水	砂糖 50 g ＋ 水 1000 ml
書中使用麵粉蛋白質（％）	14.2%

*如使用與書中不同麵粉的蛋白質比例時，
請根據麵粉的吸水率調節水量。*

步驟 ——

1. 先做液種。操作步驟請參照 P.109 液種作法。

2. 將主麵團所有材料,含提前做好的液種,全部攪拌至光滑有彈性的麵團,約 7 ～ 8 成筋厚膜狀態。

3. 免基礎發酵。步驟 2 分割成 5 個麵團,輕輕滾圓,放室溫鬆弛 10 ～ 15 分鐘左右。

4. **整形**:壓平、翻面、整平、擺上無鹽奶油,捲起,整成貝果形狀。
   （請參考 P.29 貝果整形手法 A 無料麵團）
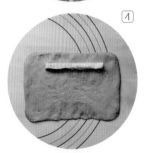

5. **最後發酵**:置於 32℃ 環境下,最後發酵 30 分鐘,至麵團呈 1.5 倍大。

6. **煮貝果**:水先煮至冒出小泡泡後,再放入發酵好的貝果,正反面各煮約 20 秒後撈起。

7. **烤焙**:烤箱設定上火 220℃、下火 180℃,烤 16 ～ 18 分鐘左右。
   （烤溫和時間請依自家烤箱狀況自行調整。）

8. 出爐後,貝果在烤盤上時請馬上先噴水,可讓貝果表面維持光澤感。移到冷卻網架後再噴一次水即可。

花生奶酥貝果

用花生醬做出來的花生奶酥餡，非常香濃，每一口都是滿滿
的花生香味，讓人愛不釋手。

食譜分量		5 個
液種	高筋麵粉	60 g
	水	60 g
	速發酵母	0.6 g
主麵團	高筋麵粉	240 g
	三溫糖	6 g
	鹽	3 g
	水	105 g
	液種	全部
	低糖酵母	2.5 g

麵團終溫	24℃最佳
煮貝果水	砂糖 50 g ＋ 水 1000 ml
書中使用麵粉蛋白質（％）	14.2%

如使用與書中不同麵粉的蛋白質比例時，
請根據麵粉的吸水率調節水量。

花生奶酥內餡

分量	5 份
顆粒無糖花生醬	50 g
奶粉	25 g
牛奶	18 g
三溫糖	15 g

| 作法 |

(1) 將花生醬與奶粉拌勻。

(2) 作法 (1) 再加入牛奶與三溫糖拌勻即可。
完成的花生奶酥餡，應是成團偏乾的狀態。

(2)

步驟 ——

1. 先做液種。操作步驟請參照 P.109 液種作法。

2. 將主麵團所有材料，含提前做好的液種，全部攪拌至光滑有彈性的麵團，約 7 ～ 8 成筋厚膜狀態。

3. 免基礎發酵。步驟 2 分割成 5 個麵團，輕輕滾圓，放室溫鬆弛 10 ～ 15 分鐘左右。

4. **整形**：壓平、翻面、整平、抹上內餡，捲起，整成貝果形狀。
（請參考 P.29 貝果整形手法 A 無料麵團）

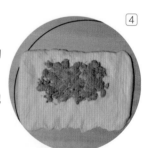
(4)

5. **最後發酵**：置於 32℃ 環境下，最後發酵 30 分鐘，至麵團呈 1.5 倍大。

6. **煮貝果**：水先煮至冒出小泡泡後，再放入發酵好的貝果，正反面各煮約 20 秒後撈起。

7. **烤焙**：烤箱設定上火 220℃、下火 180℃，烤 16 ～ 18 分鐘左右。
（烤溫和時間請依自家烤箱狀況自行調整。）

(7)

· 液種法 ·

橙皮奶糖貝果

閃閃金黃色澤的貝果讓人食欲大增，橙皮絲經過烤焙後口感
變得酥脆，吃進嘴裡香氣四溢。

食譜分量		5 個
液種	高筋麵粉	60 g
	水	60 g
	速發酵母	0.6 g
主麵團	高筋麵粉	240 g
	三溫糖	6 g
	鹽	3 g
	水	105 g
	液種	全部
	低糖酵母	2.5 g
內餡	無鹽奶油	30 g
		（6 g / 個）
表面裝飾	橙皮絲、冰糖	少許

麵團終溫		24℃最佳
煮貝果水	砂糖 50 g ＋ 水 1000 ml	
書中使用麵粉蛋白質（％）		14.2%

如使用與書中不同麵粉的蛋白質比例時，
請根據麵粉的吸水率調節水量。

步驟 ——

1. 先做液種。操作步驟請參照 P.109 液種作法。

2. 將主麵團所有材料，含提前做好的液種，全部攪拌至光滑有彈性的麵團，約 7 ～ 8 成筋厚膜狀態。

3. 免基礎發酵。步驟 2 分割成 5 個麵團，輕輕滾圓，放室溫鬆弛 10 ～ 15 分鐘左右。

4. **整形：**壓平、翻面、整平、擺上無鹽奶油，捲起，整成貝果形狀。
   （請參考 P.29 貝果整形手法 A 無料麵團）

5. **最後發酵：**置於 32°C 環境下，最後發酵 30 分鐘，至麵團呈 1.5 倍大。

6. **煮貝果：**水先煮至冒出小泡泡後，再放入發酵好的貝果，正反面各煮約 20 秒後撈起。

7. **表面裝飾：**放上橙皮絲後再撒上冰糖。

8. **烤焙：**烤箱設定上火 220°C、下火 180°C，烤 16 ～ 18 分鐘左右。
   （烤溫和時間請依自家烤箱狀況自行調整。）

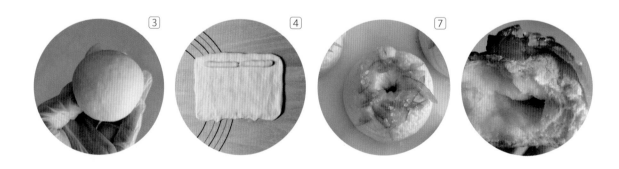

斑斕椰椰貝果

「斑斕」也稱為「香蘭葉」，為東南亞料理與糕點常使用的
食材，有一種獨特的香氣，有人說聞起來很像芋頭的香味。
與椰香奶酥餡做成貝果，是內行人才懂的極致美味。

食譜分量		5 個
液種	高筋麵粉	60 g
	水	60 g
	速發酵母	0.6 g
主麵團	高筋麵粉	240 g
	三溫糖	6 g
	鹽	3 g
	水	110 g
	液種	全部
	斑斕粉	8 g
	低糖酵母	2.5 g
表面裝飾	即食麥片	少許

麵團終溫	24℃最佳
煮貝果水	砂糖 50 g ＋ 水 1000 ml
書中使用麵粉蛋白質（％）	14.2%

如使用與書中不同麵粉的蛋白質比例時，
請根據麵粉的吸水率調節水量。

分量	5 份
無鹽奶油	30 g
細砂糖	20 g
奶粉	30 g
無糖椰漿粉	30 g
全蛋液	10 g

| 作法 |

(1) 先將軟化的無鹽奶油與細砂糖拌勻。

(2) 再加入奶粉與無糖椰漿粉拌勻。

(3) 最後加入全蛋液,拌勻即可。

(4) 完成內餡。內餡狀態如果太濕,可加入適量無糖椰漿粉或奶粉進行調整。

步驟 ——

① 先做液種。操作步驟請參照 P.109 液種作法。

② 將主麵團所有材料，含提前做好的液種，全部攪拌至光滑有彈性的麵團，約 7 ～ 8 成筋的厚膜狀態。

③ 免基礎發酵。步驟 ② 分割成 5 個麵團，輕輕滾圓，放室溫鬆弛 10 ～ 15 分鐘左右。

④ **整形**：擀開、翻面、整平，抹上內餡，再捲起，整成貝果形狀。
  （請參考 P.29 貝果整形手法 A 無料麵團）

⑤ **最後發酵**：置於 32°C 環境下，最後發酵 30 分鐘，至麵團呈 1.5 倍大。

⑥ **煮貝果**：將煮貝果水煮至冒出小泡泡，放入發酵好的貝果，正反兩面各煮約 20 秒後，撈起。

⑦ 表面撒上燕麥片做裝飾。

⑧ **烤焙**：烤箱設定上下火 220°C，烤 16 ～ 18 分鐘左右。烤箱如有旋風功能，最後 5 分鐘開旋風，可讓上色更加均勻。
  （烤溫和時間請依自家烤箱狀況自行調整。）

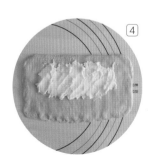

紅棗核桃貝果

一般紅棗很常使用於做饅頭，因為我很喜歡紅棗清甜的香氣，這次便將紅棗揉入麵團裡，再加入核桃做成貝果，沒想到美味依舊不變。

食譜分量		5 個
液種	高筋麵粉	60 g
	水	60 g
	速發酵母	0.6 g
主麵團	高筋麵粉	210 g
	三溫糖	12 g
	鹽	3 g
	水	105 g
	液種	全部
	低糖酵母	2.5 g
	紅棗	30 g
	核桃	10 g

事前準備

紅棗去籽剪小塊；生核桃先用烤箱以上下火 160℃ 烤 10 分鐘，放涼壓碎備用。

麵團終溫		24℃ 最佳
煮貝果水	蜂蜜 20 g ＋ 砂糖 50 g ＋ 水 1000 ml	
書中使用麵粉蛋白質（％）		14.2%

如使用與書中不同麵粉的蛋白質比例時，請根據麵粉的吸水率調節水量。

步驟 ——

1. 先做液種。操作步驟請參照 P.109 液種作法。

2. 除核桃以外，將主麵團所有材料，含提前做好的液種，全部攪拌至光滑有彈性的麵團，約 7 ～ 8 成筋厚膜狀態。

3. 核桃全部放入步驟 2，轉慢速攪拌均勻。

4. 免基礎發酵。步驟 3 分割成 5 個麵團，輕輕滾圓，放室溫鬆弛 20 分鐘左右。

5. **整形**：用手壓平、翻面、整平、捲起，整成貝果形狀 。
   （請參考 P.31 貝果整形手法 B 有料麵團）

6. **最後發酵**：置於 32℃ 環境下，最後發酵 30 分鐘，至麵團呈 1.5 倍大。

7. **煮貝果**：水先煮至冒出小泡泡後，再放入發酵好的貝果，正反面各煮約 20 秒後撈起。

8. **烤焙**：烤箱設定上火 220℃、下火 180℃，烤 16 ～ 18 分鐘左右。
   （烤溫和時間請依自家烤箱狀況自行調整。）

9. 出爐後，貝果在烤盤上時請馬上先噴水，可讓貝果表面維持光澤感。移到冷卻網架後再噴一次水即可。

外酥內軟的鹽可頌

海鹽捲麵包因外型長的像可頌麵包,所以也被稱為「鹽可頌」。鹽可頌的外皮金黃、內部組織柔軟細緻,製作時,會在內部捲入一小條有鹽奶油,並在表面撒上小搓的海鹽,具有回甘的作用。捲入的奶油,在烤焙時遇熱會全部融化流出,將麵包底部煎得脆皮焦香,是鹽可頌香氣的主要來源。

秒殺脆皮鹽可頌

麵包捲上方的海鹽不單單只是裝飾，在口味上有著畫龍點睛的效果。一口咬下外皮，酥脆鹹香，內部組織卻是柔軟無比！吃過一次絕對永生難忘，尤其在溫熱的狀態下享用，真的相當迷人。

食譜分量		6 個
麵團材料	法國麵粉（T45）	250 g
	奶粉	6 g
	砂糖	7.5 g
	鹽	5 g
	水	140 g
	低糖酵母	2.5 g
	無鹽奶油	13 g
內餡	有鹽奶油	5～6 g x 6 個
表面裝飾	鹽之花	少許

麵團終溫	24℃最佳
書中使用麵粉蛋白質（％）	11.9％

如使用與書中不同麵粉的蛋白質比例時，
請根據麵粉的吸水率調節水量。

步驟 ——

1. 將所有麵團材料放入攪拌機，攪拌至呈現光滑有彈性的麵團，約 8 成筋厚膜狀態。

2. 打好的麵團直接放室溫鬆弛 20 分鐘。

③ 步驟 ② 麵團分割成 6 個，輕輕滾圓，密封好放入冷藏，鬆弛 30 分鐘。

④ **整形：**將鬆弛好的麵團全部搓成胖水滴狀，再將胖水滴狀搓成細長水滴狀。（請參考 P.33 鹽可頌麵包整形方式）

⑤ 取一麵團先擀開，翻面、擀長，放上有鹽奶油，捲起。全部麵團依序完成。

⑥ **最後發酵：**置於 30 ～ 31℃ 環境下，發酵 30 分鐘，至麵團呈 1.5 倍大。按壓麵團會緩慢回彈，重量明顯變輕。

⚠ 切記麵團不可過度發酵，表面的紋路會不見。

⑦ 麵包表面撒上鹽之花作裝飾。

⑧ **烤焙：**烤箱預熱，放在中下層，設定上火 230℃、下火 200℃，烤 13 ～ 14 分鐘。

⚠ 請搭配蒸氣烘烤，設定 20 秒蒸氣，成品烤出來呈皮薄且有睫毛裂紋的效果。

蔓越莓鹽可頌

將酸酸甜甜的蔓越莓果乾加進麵團中一起攪拌，成品吃起來十分清爽，特意將包入的有鹽奶油換成無鹽，讓麵包散發出微微香甜，帶來截然不同的風味。

食譜分量	6 個
麵團材料	法國麵粉（T45） 250 g
	奶粉 6 g
	砂糖 7.5 g
	鹽 5 g
	水 140 g
	低糖酵母 2.5 g
	無鹽奶油 13 g
	蔓越莓乾 28 g
內餡	有鹽奶油 5～6 g x 6 個
表面裝飾	鹽之花 少許

麵團終溫	24℃最佳
書中使用麵粉蛋白質（％）	11.9％

如使用與書中不同麵粉的蛋白質比例時，
請根據麵粉的吸水率調節水量。

步驟 ——

[1] 除了蔓越莓乾外，將所有麵團材料放入攪拌機，攪拌至呈現光滑有彈性的麵團，約 8 成筋厚膜狀態。

② 再加入剪碎的蔓越莓果乾，攪拌均勻。

③ 打好的麵團直接放室溫鬆弛 20 分鐘。

④ 步驟③麵團分割成 6 個，輕輕滾圓，密封好放入冷藏，鬆弛 30 分鐘。

⑤ **整形**：將鬆弛好的麵團全部搓成胖水滴狀，再將胖水滴狀搓成細長水滴狀。（請參考 P.33 鹽可頌麵包整形方式）

⑥ 取一麵團先擀開，翻面、擀長，放上有鹽奶油，捲起。全部麵團依序完成。

⑦ **最後發酵**：置於 30 ～ 31℃ 環境下，發酵 30 分鐘，至麵團呈 1.5 倍大。按壓麵團會緩慢回彈，重量明顯變輕。
　⚠ 切記麵團不可過度發酵，表面的紋路會不見。

⑧ 麵包表面撒上鹽之花作裝飾。

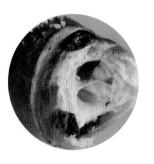

⑨ **烤焙**：烤箱預熱，放在中下層，設定上火 230℃、下火 200℃，烤 13 ～ 14 分鐘。
　⚠ 請搭配蒸氣烘烤，設定 20 秒蒸氣，成品烤出來呈皮薄且有睫毛裂紋的效果。

明太子鹽可頌

自製明太子抹醬與鹽可頌，是什麼樣的神仙組合？外酥內軟的麵包，搭上微微辛辣的厚厚明太子抹醬，非常適合夏天沒胃口時，配著生菜沙拉一起吃。

食譜分量		6 個
麵團材料	法國麵粉（T45）	250 g
	奶粉	6 g
	砂糖	7.5 g
	鹽	5 g
	水	140 g
	低糖酵母	2.5 g
	無鹽奶油	13 g
內餡	有鹽奶油 5～6 g x 6 個	
表面裝飾	乾燥歐芹碎	少許

麵團終溫	24℃最佳
書中使用麵粉蛋白質（%）	11.9%

如使用與書中不同麵粉的蛋白質比例時，
請根據麵粉的吸水率調節水量。

自製明太子抹醬

明太子	70 g
無鹽奶油	28 g
日式美乃滋	28 g
日式芥末醬	4 g
檸檬汁	3 g

事前準備
1. 無鹽奶油放置室溫軟化。
2. 冷凍明太子微退冰後，拿小刀在包覆魚籽的筋膜前端劃一刀，用刀背將魚籽用刮的方式取出備用。

│ 作法 │

(1) 先將室溫軟化的無鹽奶油與日式美乃滋混合均勻。

(2) 加入日式芥末醬與檸檬汁攪拌均勻。

(3) 最後再加入明太子攪拌即可。完成後，裝入擠花袋中備用。

 完成的明太子抹醬可先放冷藏保存。

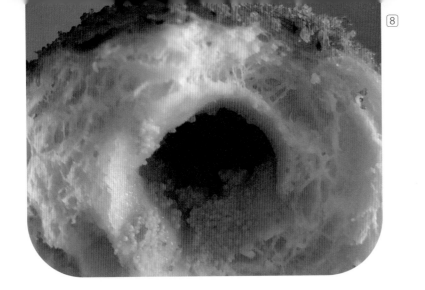

步驟 ——

1. 將所有麵團材料放入攪拌機，攪拌至呈現光滑有彈性的麵團，約 8 成筋厚膜狀態。

2. 打好的麵團直接室溫鬆弛 20 分鐘。

3. 步驟 2 分割成 6 個麵團，輕輕滾圓，密封好放入冷藏，鬆弛 30 分鐘。

4. **整形**：先將鬆弛好的麵團全部搓成胖水滴狀，再將胖水滴狀搓成細長水滴狀。（*請參考 P.33 鹽可頌麵包整形方式*）

5. 取一麵團先擀開，翻面、擀長，擠上明太子抹醬放上有鹽奶油，捲起。全部麵團依序完成。
   ⚠ *內餡明太子抹醬請斟酌用量，不可擠得太多，否則烤焙時容易流出來。*

6. **最後發酵**：置於 30 ～ 31°C 環境下，發酵 30 分鐘，至麵團呈 1.5 倍大。按壓麵團會緩慢回彈，重量明顯變輕。
   ⚠ *切記麵團不可過度發酵，表面的紋路會不見。*

7. **烤焙**：烤箱預熱，放在中下層，設定上火 230°CC、下火 180°C，烤 12 ～ 13 分鐘。
   ⚠ *請搭配蒸氣烘烤，設定 20 秒蒸氣，成品烤出來呈皮薄且有睫毛裂紋的效果。*
   ⚠ *因為擠完明太子抹醬後還要續烤，若擔心烤色過深，可比平時提早 1 分鐘出爐。*

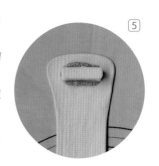

8. 鹽可頌出爐後，趁熱擠上一層明太子抹醬、撒上歐芹碎，再放入烤箱，關閉下火，以上火 230°C 續烤 2 ～ 3 分鐘即可。

經典黑芝麻鹽可頌

黑芝麻香氣搭配有鹽奶油，滿滿鈣質，還帶有濃醇的芝麻香，
是非常耐吃的一款麵包。

食譜分量		6 個
麵團材料	法國麵粉（T45）	250 g
	奶粉	6 g
	砂糖	7.5 g
	鹽	5 g
	水	140 g
	低糖酵母	2.5 g
	無鹽奶油	13 g
	黑芝麻粒	10 g
內餡	有鹽奶油	5～6 g x 6 個
表面裝飾	鹽之花	少許

麵團終溫	24℃最佳
書中使用麵粉蛋白質（％）	11.9%

如使用與書中不同麵粉的蛋白質比例時，
請根據麵粉的吸水率調節水量。

步驟 ——

1. 除了黑芝麻粒外，將所有麵團材料放入攪拌機，攪拌至呈現光滑有彈
性的麵團，約 8 成筋厚膜狀態。

② 再加入黑芝麻粒,攪拌均勻。

③ 打好的麵團直接室溫鬆弛 20 分鐘。

④ 步驟③分割成 6 個麵團,輕輕滾圓,密封好放入冷藏,鬆弛 30 分鐘。

⑤ **整形**:先將鬆弛好的麵團全部搓成胖水滴狀,再將胖水滴狀搓成細長水滴狀。*(請參考 P.33 鹽可頌麵包整形方式)*

⑥ 取一麵團先擀開,翻面、擀長,放上有鹽奶油,捲起。全部麵團依序完成。

⑦ **最後發酵**:置於 30 ～ 31℃ 環境下,發酵 30 分鐘,至麵團呈 1.5 倍大。按壓麵團會緩慢回彈,重量明顯變輕。

⚠ *切記麵團不可過度發酵,表面的紋路會不見。*

⑧ 麵包表面撒上鹽之花作裝飾。

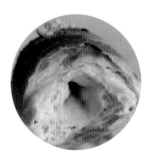

⑨ **烤焙**:烤箱預熱,放在中下層,設定上火 230℃、下火 200℃,烤13 ～ 14 分鐘。

⚠ *請搭配蒸氣烘烤,設定 20 秒蒸氣,成品烤出來呈皮薄且有睫毛裂紋的效果。*

巧巧豆豆鹽可頌

巧克力控絕對不能錯過的一款麵包！加入耐烤巧克力豆的鹽可頌，配方單純卻能體驗到最原始的美味。

食譜分量	7 個
麵團材料	法國麵粉（T45） 250 g
	奶粉 6 g
	砂糖 7.5 g
	鹽 5 g
	水 140 g
	低糖酵母 2.5 g
	無鹽奶油 13 g
	耐烤巧克力豆 20 g
內餡	有鹽奶油 5～6 g x 7 個
表面裝飾	OREO 餅乾碎片 少許

麵團終溫	24℃最佳
書中使用麵粉蛋白質（％）	11.9％

如使用與書中不同麵粉的蛋白質比例時，請根據麵粉的吸水率調節水量。

步驟 ——

1. 除了耐烤巧克力豆外，將所有麵團材料放入攪拌機，攪拌至呈現光滑有彈性的麵團，約 8 成筋厚膜狀態。

② 再加入耐烤巧克力豆，攪拌均勻。

③ 打好的麵團直接室溫鬆弛 20 分鐘。

④ 步驟③分割成 7 個麵團，輕輕滾圓，密封好放入冷藏，鬆弛 30 分鐘。

④

⑤ **整形：**先將鬆弛好的麵團全部搓成胖水滴狀，再將胖水滴狀搓成細長水滴狀。（*請參考 P.33 鹽可頌麵包整形方式*）

⑥ 取一麵團先擀開，翻面、擀長，放上有鹽奶油，捲起。全部麵團依序完成。

⑦ **最後發酵：**置於 30～31℃ 環境下，發酵 30 分鐘，至麵團呈 1.5 倍大。按壓麵團會緩慢回彈，重量明顯變輕。

⚠ *切記麵團不可過度發酵，表面的紋路會不見。*

⑧ 麵包表面放上 OREO 餅乾碎片作裝飾。

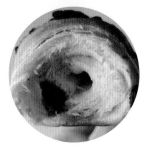

⑨ **烤焙：**烤箱預熱，放在中下層，設定上火 230℃、下火 200℃，烤 13～14 分鐘。

⚠ *請搭配蒸氣烘烤，設定 20 秒蒸氣，成品烤出來呈皮薄且有睫毛裂紋的效果。*

香甜草莓鹽可頌

試作過好幾次，這款有著草莓果乾作伴的鹽可頌，還是甜口味的比較好吃，索性將有鹽奶油改為無鹽，將撒在表面裝飾的海鹽換成了珍珠糖。

食譜分量		7 個
麵團材料	法國麵粉（T45）	250 g
	奶粉	6 g
	砂糖	7.5 g
	鹽	5 g
	水	140 g
	低糖酵母	2.5 g
	無鹽奶油	13 g
	草莓果乾	30 g
內餡	無鹽奶油 5～6 g x 7 個	
表面裝飾	珍珠糖	少許

麵團終溫	24℃最佳
書中使用麵粉蛋白質（％）	11.9%

如使用與書中不同麵粉的蛋白質比例時，
請根據麵粉的吸水率調節水量。

步驟 ——

1 除了草莓果乾外，將所有麵團材料放入攪拌機，攪拌至呈現光滑有彈性的麵團，約 8 成筋厚膜狀態。

② 再加入剪碎的草莓果乾，攪拌均勻。

③ 打好的麵團直接室溫鬆弛 20 分鐘。

④ 步驟③分割成 7 個麵團，輕輕滾圓，密封好放入冷藏，鬆弛 30 分鐘。

⑤ **整形：**先將鬆弛好的麵團全部搓成胖水滴狀，再將胖水滴狀搓成細長水滴狀。（*請參考 P.33 鹽可頌麵包整形方式*）

⑥ 取一麵團先擀開，翻面、擀長，放上無鹽奶油，捲起。全部麵團依序完成。

⑦ **最後發酵：**置於 30 ～ 31℃ 環境下，發酵 30 分鐘，至麵團呈 1.5 倍大。按壓麵團會緩慢回彈，重量明顯變輕。
⚠ *切記麵團不可過度發酵，表面的紋路會不見。*

⑧ 麵包表面擺上珍珠糖作裝飾。

⑨ **烤焙：**烤箱預熱，放在中下層，設定上火 230℃、下火 200℃，烤13 ～ 14 分鐘。
⚠ *請搭配蒸氣烘烤，設定 20 秒蒸氣，成品烤出來呈皮薄且有睫毛裂紋的效果。*

起司二重奏鹽可頌

無論大人還是小孩，都毫無抵抗力的好滋味。帕瑪森起司粉搭上奶香濃郁的起司片，咬下的瞬間，絕對會讓你想一吃再吃。

食譜分量		6 個
麵團材料	高筋麵粉	200 g
	法國麵粉（T55）	50 g
	奶粉	20 g
	砂糖	10 g
	牛奶	75 g
	鹽	4 g
	水	65 g
	低糖酵母	2.5 g
	無鹽奶油	15 g
內餡	有鹽奶油 5～6 g x 6 個	
	起司片	2 片
	（每片切成等分 3 條）	
表面裝飾	帕瑪森起司粉	少許

麵團終溫	24℃最佳
書中使用麵粉蛋白質（％）	高筋麵粉 11.6%
	法國麵粉 11.5～11.8%

如使用與書中不同麵粉的蛋白質比例時，
請根據麵粉的吸水率調節水量。

步驟 ——

1. 所有麵團材料放入攪拌機，攪拌至呈現光滑有彈性的麵團，約 9 成筋薄膜狀態。

2. 免基礎發酵。將麵團分割成 6 個，輕輕滾圓，密封好放入冷藏，鬆弛 20 分鐘。

3. 先將鬆弛好的麵團全部搓成胖水滴狀，再將胖水滴狀搓成細長水滴狀後，放入冰箱冷凍 30 分鐘。

4. **整形**：時間到，取一麵團先擀開，翻面、擀長，放上起司後再擺上有鹽奶油，捲起，表面噴水後再沾上起司粉。全部麵團依序完成。
   （請參考 P.33 鹽可頌麵包整形方式）

5. **最後發酵**：置於 30 ～ 31℃ 環境下，發酵 30 分鐘，至麵團呈 1.5 倍大。按壓麵團會緩慢回彈，重量明顯變輕。
   ⚠ *切記麵團不可過度發酵，表面的紋路會不見。*

6. **烤焙**：烤箱預熱，放在中下層，設定上火 230℃、下火 200℃，烤 13 ～ 14 分鐘。
   ⚠ *請搭配蒸氣烘烤，設定 20 秒蒸氣，成品烤出來呈皮薄且有睫毛裂紋的效果。*

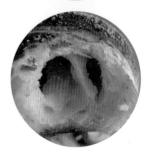

蒜味起司鹽可頌

相信大家都吃過搭配排餐的大蒜麵包，好像麵包只要配上大蒜，絕對不會失誤！就連鹽可頌也不例外。

食譜分量		6 個
麵團材料	高筋麵粉	200 g
	法國麵粉（T55）	50 g
	奶粉	20 g
	砂糖	10 g
	牛奶	75 g
	鹽	4 g
	水	65 g
	低糖酵母	2.5 g
	無鹽奶油	15 g
內餡	有鹽奶油 5～6 g x 6 個	
表面裝飾	帕瑪森起司粉	適量

麵團終溫		24℃最佳
書中使用麵粉蛋白質（％）	高筋麵粉 11.6%	
	法國麵粉 11.5～11.8%	

如使用與書中不同麵粉的蛋白質比例時，
請根據麵粉的吸水率調節水量。

自製蒜香奶油醬

無鹽奶油	35 g
蒜末	20 g
乾燥歐芹碎	10 g
鹽	0.5 g

 大蒜不要切得太細碎，塗抹在表面的蒜頭，經由回烤後會變得更酥香。

| 作法 |

將軟化的無鹽奶油與所有材料混合即可。

步驟 ——

① 將所有麵團材料放入攪拌機，攪拌至呈現光滑有彈性的麵團，約 9 成筋薄膜狀態。

② 免基礎發酵。將麵團分割成 6 個，輕輕滾圓，密封好放入冷藏，鬆弛 20 分鐘。

③ 先將鬆弛好的麵團全部搓成胖水滴狀，再將胖水滴狀搓成細長水滴狀後，放入冰箱冷凍 30 分鐘。

④ **整形**：時間到取一麵團先擀開，翻面、擀長，擺上有鹽奶油，捲起，表面噴水後再沾上起司粉。全部麵團依序完成。
（請參考 P.33 鹽可頌麵包整形方式）

⑤ **最後發酵：**置於 30 ～ 31℃ 環境下，發酵 30 分鐘，至麵團呈 1.5 倍大。
按壓麵團會緩慢回彈，重量明顯變輕。

⚠ 切記麵團不可過度發酵，表面的紋路會不見。

⑥ **烤焙：**烤箱預熱，放在中下層，設定上火 230℃、下火 200℃，烤
13 ～ 14 分鐘。

⚠ 請搭配蒸氣烘烤，設定 20 秒蒸氣，成品烤出來呈皮薄且有睫毛裂
紋的效果。

⑦ 出爐後，趁熱刷上蒜香奶油醬，即完成。

④

液種（波蘭種）作法

由於用液種製作的麵包，保濕度與入口的嚼勁都非常好，因此很推薦大家製作鹽可頌時也可嘗試這個作法，加上蒸氣效果的加乘，讓鹽可頌吃起來的層次感加倍明顯。

液種作法	麵團材料
高筋麵粉	25 g
水	25 g
速發酵母	0.5 g

1 將全部材料混合，攪拌至看不見乾粉即可，先置於室溫發酵 1 小時。

2 再放入冰箱冷藏發酵 12 小時以上，等待液種漲到最高點。

3 待液種從最高點開始回落，表面出現微微凹陷時即可使用。

4 液種發酵完成的狀態，即呈現如圖中的密集網狀。

原味鹽可頌

鹽可頌是一款非常受大家喜愛的麵包，主要是因為鹹香的滋味、酥脆的外皮及柔軟的內在組織，而麵包底部流出的鹹奶油，更是不少人的心頭好。

食譜分量		6 個
麵團材料	高筋麵粉	250 g
	砂糖	18 g
	鹽	3 g
	液種	50 g
	水	145 g
	速發酵母	2 g
	無鹽奶油	8 g
內餡	有鹽奶油	5～6g x 6 個
表面裝飾	鹽之花	少許

麵團終溫	24～25℃最佳
書中使用麵粉蛋白質（％）	11.5％

*如使用與書中不同麵粉的蛋白質比例時，
請根據麵粉的吸水率調節水量。*

步驟 ——

1. 先做液種。操作步驟請參照 P.163 液種作法。
2. 所有麵團材料放入攪拌機，攪拌至完全擴展薄膜狀態。

③ 打好的麵團直接室溫鬆弛 20 分鐘。

④ 步驟③分割成 6 個麵團，輕輕滾圓，密封好放入冰箱冷凍 30 分鐘。

⑤ **整形**：先將鬆弛好的麵團全部搓成胖水滴狀，再將胖水滴狀搓成細長水滴狀。（*請參考 P.33 鹽可頌麵包整形方式*）

⑥ 取一麵團先擀開，翻面、擀長，放上有鹽奶油，捲起。全部麵團依序完成。

⑦ **最後發酵**：置於 30 ～ 31℃ 環境下，發酵 30 分鐘，至麵團呈 1.5 倍大。按壓麵團會緩慢回彈，重量明顯變輕。
    ⚠ *切記麵團不可過度發酵，表面的紋路會不見。*

⑧ 麵包表面撒上鹽之花作裝飾。

⑨ **烤焙**：烤箱預熱，放在中下層，設定上火 230℃、下火 200℃，烤 13 ～ 14 分鐘。
    ⚠ *請搭配蒸氣烘烤，設定 20 秒蒸氣，成品烤出來呈皮薄且有睫毛裂紋的效果。*

芝麻脆底鹽可頌

一直都覺得白芝麻真的很百搭呢！添加在不同的食物中，都
能達到增加口感及提升香氣的效果，算是烘焙很常使用到的
萬用材料。

食譜分量		6 個
麵團材料	高筋麵粉	250 g
	砂糖	18 g
	鹽	3 g
	液種	50 g
	水	145 g
	速發酵母	2 g
	無鹽奶油	8 g
內餡	有鹽奶油	5 ～ 6g x 6 個
底部裝飾	白芝麻粒	少許

麵團終溫	24 ～ 25℃最佳
書中使用麵粉蛋白質（％）	11.5％

如使用與書中不同麵粉的蛋白質比例時，
請根據麵粉的吸水率調節水量。

步驟 ——

1. 先做液種。操作步驟請參照 P.163 液種作法。

2. 所有麵團材料放入攪拌機，攪拌至完全擴展薄膜狀態。

③ 打好的麵團直接室溫鬆弛 20 分鐘。

④ 步驟③分割成 6 個麵團，輕輕滾圓，密封好放入冰箱冷凍 30 分鐘。

⑤ **整形：**先將鬆弛好的麵團全部搓成胖水滴狀，再將胖水滴狀搓成細長水滴狀。（*請參考 P.33 鹽可頌麵包整形方式*）

⑥ 取一麵團先擀開，翻面、擀長，放上有鹽奶油，捲起，底部沾上白芝麻。全部麵團依序完成。

⑦ **最後發酵：**置於 30 ～ 31℃ 環境下，發酵 30 分鐘，至麵團呈 1.5 倍大。按壓麵團會緩慢回彈，重量明顯變輕。

⚠ *切記麵團不可過度發酵，表面的紋路會不見。*

⑧ 麵包表面撒上白芝麻粒作裝飾。

⑨ **烤焙：**烤箱預熱，放在中下層，設定上火 230℃、下火 200℃，烤13 ～ 14 分鐘。

⚠ *請搭配蒸氣烘烤，設定 20 秒蒸氣，成品烤出來呈皮薄且有睫毛裂紋的效果。*

黑芝麻奶酥鹽可頌

內餡是微甜的黑芝麻奶酥與無鹽奶油，麵包體還添加了黑芝麻粉，咬下的瞬間，黑芝麻香氣直衝腦門。

食譜分量		6 個
麵團材料	高筋麵粉	250 g
	黑芝麻粉	20 g
	砂糖	18 g
	鹽	3 g
	液種	50 g
	水	149 g
	速發酵母	2 g
	無鹽奶油	8 g
內餡	無鹽奶油	5 ～ 6g x 6 個
表面裝飾	鹽之花	少許

麵團終溫	24 ～ 25℃最佳
書中使用麵粉蛋白質（％）	高筋麵粉 11.5％

如使用與書中不同麵粉的蛋白質比例時，
請根據麵粉的吸水率調節水量。

黑芝麻奶酥餡

分量	6 個（每個約 6g）
黑芝麻醬	20 g
三溫糖	7 g
奶粉	3 g
芝麻粉	3 g

｜ 作法 ｜

以上材料依序攪拌混合均勻即可。

 完成的芝麻奶酥餡如果覺得太濕，可以適量添加芝麻粉調整，因使用的材料品牌不同，可能會略有差異。

步驟 ——

① 先做液種。操作步驟請參照 P.163 液種作法。

② 所有麵團材料放入攪拌機，攪拌至完全擴展薄膜狀態。

③ 打好的麵團直接室溫鬆弛 20 分鐘。

④ 步驟③分割成 6 個麵團，輕輕滾圓，密封好放入冰箱冷凍 30 分鐘。

⑤ **整形**：先將鬆弛好的麵團全部搓成胖水滴狀，再將胖水滴狀搓成細長水滴狀。（請參考 P.33 鹽可頌麵包整形方式）

⑥ 取一麵團先擀開，翻面、擀長，抹上黑芝麻奶酥餡後再放上無鹽奶油，捲起。全部麵團依序完成。

[7] **最後發酵：**置於 30 ～ 31℃ 環境下，發酵 30 分鐘，至麵團呈 1.5 倍大。
按壓麵團會緩慢回彈，重量明顯變輕。
⚠ 切記麵團不可過度發酵，表面的紋路會不見。

[8] 麵包表面撒上鹽之花作裝飾。

[9] **烤焙：**烤箱預熱，放在中下層，設定上火 230℃、下火 18 0℃，烤
13 ～ 14 分鐘。
⚠ 請搭配蒸氣烘烤，設定 20 秒蒸氣，成品烤出來呈皮薄且有睫毛裂
紋的效果。

[6]

野生小藍莓鹽可頌

小藍莓鹽可頌真的很好吃！很喜歡將水果果乾拌入麵團中，做成不同口味的麵包來吃，這次特意選用了小顆的藍莓乾，果香味更濃厚。

食譜分量		6 個
麵團材料	高筋麵粉	250 g
	砂糖	18 g
	鹽	3 g
	液種	50 g
	水	145 g
	速發酵母	2 g
	無鹽奶油	8 g
	野生小藍莓乾	25 g
內餡	無鹽奶油	5 ～ 6g x 6 個
表面裝飾	鹽之花	少許

麵團終溫	24 ～ 25℃最佳
書中使用麵粉蛋白質（％）	11.5%

如使用與書中不同麵粉的蛋白質比例時，
請根據麵粉的吸水率調節水量。

步驟 ——

① 先做液種。操作步驟請參照 P.163 液種作法。

② 除了小藍莓乾以外,將所有麵團材料放入攪拌機,攪拌至完全擴展薄膜狀態。

③ 再放入小藍莓乾,攪拌均勻。

④ 打好的麵團直接室溫鬆弛 20 分。

⑤ 步驟④分割成 6 個麵團,輕輕滾圓,密封好放入冰箱冷凍 30 分鐘。

⑥ **整形:** 先將鬆弛好的麵團全部搓成胖水滴狀,再將胖水滴狀搓成細長水滴狀。(請參考 P.33 鹽可頌麵包整形方式)

⑦ 取一麵團先擀開,翻面、擀長,放上無鹽奶油,捲起。全部依序完成。

⑧ **最後發酵:** 置於 30 ～ 31°C 環境下,發酵 30 分鐘,至麵團呈 1.5 倍大。按壓麵團會緩慢回彈,重量明顯變輕。
　⚠ 切記麵團不可過度發酵,表面的紋路會不見。

⑨ 麵包表面撒上少許鹽之花作裝飾。

⑩ **烤焙:** 烤箱預熱,放在中下層,設定上火 230°C、下火 180°C,烤 13 ～ 14 分鐘。
　⚠ 請搭配蒸氣烘烤,設定 20 秒蒸氣,成品烤出來呈皮薄且有睫毛裂紋的效果。

COLUMN

法國老麵法

法國老麵製作	麵團材料
100%　法國麵粉	100 g
70%　水	70 g
2%　鹽	2 g
0.4%　速發酵母	0.4 g

所有材料請依所需分量製作，攪拌成團後，室溫發 1 個小時，放入冰箱冷藏發酵 12 ～ 18 小時，完成發酵的麵團狀態，將麵團拉開後，裡面會呈現密集的網狀。

 沒使用完的部分，可冷藏 1 ～ 2 天，但如果太酸就要丟棄。也可發酵完成後，直接切成每次要使用的量，放入冷凍保存。

鹽之花鹽可頌

一直很喜歡有添加老麵的麵包，獨特的發酵氣味增添風味，還有延緩麵包老化，是一款萬用麵種。製作鹽可頌時添加老麵，可讓口感與風味再次提升。

食譜分量		6 個
麵團材料	法國麵粉（T45）	250 g
	鹽之花	5 g
	砂糖	10 g
	水	140 g
	老麵	50 g
	奶粉	10 g
	速發酵母	3 g
	無鹽奶油	10 g
內餡	有鹽奶油	5 ～ 6g x 6 個
表面裝飾	鹽之花	少許

麵團終溫	24℃最佳
書中使用麵粉蛋白質（%）	11.9%

如使用與書中不同麵粉的蛋白質比例時，
請根據麵粉的吸水率調節水量。

夏季打麵時，如果覺得麵團濕軟，
配方中的水可減少約 5g 左右。

步驟 ──

1. 先做老麵。操作步驟請參照 P.175 老麵作法。

2. 將所有麵團材料放入攪拌機，攪拌至呈現光滑有彈性的麵團，約 7 ～ 8 成筋厚膜狀態。

3. 打好的麵團直接室溫鬆弛 20 分鐘。

4. 步驟 3 分割成 6 個麵團，輕輕滾圓，密封好放入冰箱冷凍 30 分鐘。

5. **整形**：先將鬆弛好的麵團全部搓成胖水滴狀，再將胖水滴狀搓成細長水滴狀。（請參考 P.33 鹽可頌麵包整形方式）

6. 取一麵團先擀開，翻面、擀長，放上有鹽奶油，捲起。全部依序完成。

7. **最後發酵**：置於 30 ～ 31°C 環境下，發酵 30 分鐘，至麵團呈 1.5 倍大。按壓麵團會緩慢回彈，重量明顯變輕。
   ⚠ 切記麵團不可過度發酵，表面的紋路會不見。

8. 麵包表面撒上少許鹽之花作裝飾。

9. **烤焙**：烤箱預熱，放在中下層，設定上火 230°C、下火 200°C，烤 13 ～ 14 分鐘。
   ⚠ 請搭配蒸氣烘烤，設定 20 秒蒸氣，成品烤出來呈皮薄且有睫毛裂紋的效果；最後 3 分鐘開啟旋風功能，可讓烤色更均勻。

核桃鹽可頌

歐式麵包也很常使用核桃做為配料，這次在麵包表面撒上營養滿點的核桃碎，搭上外酥內軟的鹽可頌，又是一種全新嘗試。

食譜分量		7 個
麵團材料	法國麵粉（T45）	250 g
	鹽之花	5 g
	砂糖	11 g
	水	140 g
	老麵	50 g
	奶粉	11 g
	烤熟的核桃碎	25 g
	速發酵母	3 g
	無鹽奶油	10 g
內餡	有鹽奶油	5～6g x 7 個
表面裝飾	鹽之花	少許

事前準備
核桃先用烤箱以上下 160℃烤 10 鐘後，放涼壓碎備用。

麵團終溫	24℃最佳
書中使用麵粉蛋白質（％）	11.9%

如使用與書中不同麵粉的蛋白質比例時，
請根據麵粉的吸水率調節水量。

夏季打麵時，如果覺得麵團濕軟，
配方中的水可減少約 5g 左右。

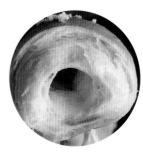

步驟 ——

1. 先做老麵。操作步驟請參照 P.175 老麵作法。

2. 將所有麵團材料放入攪拌機，攪拌至呈現光滑有彈性的麵團，約 7～8 成筋厚膜狀態。

3. 烤熟的核桃碎放進麵團中，轉低速攪拌均勻。

4. 打好的麵團直接放室溫鬆弛 20 分鐘。

5. 步驟 ④ 分割成 7 個麵團，輕輕滾圓，密封好放入冷凍，鬆弛 30 分鐘。

6. **整形：**先將鬆弛好的麵團全部搓成胖水滴狀，再將胖水滴狀搓成細長水滴狀。
   （請參考 P.33 鹽可頌麵包整形方式）

7. 取一麵團先擀開，翻面、擀長，放上有鹽奶油，捲起。全部依序完成。

8. **最後發酵：**置於 30～31℃ 環境下，發酵 30 分鐘，至麵團呈 1.5 倍大。按壓麵團會緩慢回彈，重量明顯變輕。
   ⚠ *切記麵團不可過度發酵，表面的紋路會不見。*

9. 麵包表面撒上少許鹽之花作裝飾。

10. **烤焙：**烤箱預熱，放在中下層，設定上火 230℃、下火 200℃，烤 13～14 分鐘。
    ⚠ *請搭配蒸氣烘烤，設定 20 秒蒸氣，成品烤出來呈皮薄且有睫毛裂紋的效果；最後 3 分鐘開旋風功能，可讓烤色更均勻。*

黑胡椒帕瑪森鹽可頌

帶有黑胡椒微微的辣感，將帕瑪森起司粉一起放進麵團中攪拌，為這款鹽可頌增添高雅的味道，鹹香好滋味吃過的就能懂。

食譜分量		7 個
麵團材料	法國麵粉（T45）	250 g
	鹽之花	5 g
	砂糖	10 g
	水	140 g
	老麵	50 g
	奶粉	10 g
	現磨黑胡椒粒	3 g
	帕瑪森起司粉	10 g
	速發酵母	3 g
	無鹽奶油	10 g
內餡	有鹽奶油	5 ～ 6g x 7 個
表面裝飾	黑胡椒粒	少許

麵團終溫	24℃最佳
書中使用麵粉蛋白質（%）	11.9%

如使用與書中不同麵粉的蛋白質比例時，
請根據麵粉的吸水率調節水量。

夏季打麵時，如果覺得麵團濕軟，
配方中的水可減少約 2 ～ 3g 左右。

步驟 ——

① 先做老麵。操作步驟請參照 P.175 老麵作法。

② 將所有麵團材料放入攪拌機，攪拌至呈現光滑有彈性的麵團，約 7 ～ 8 成筋厚膜狀態。

③ 打好的麵團直接室溫鬆弛 20 分鐘。

④ 步驟③分割成 7 個麵團，輕輕滾圓，密封好放入冰箱冷凍 30 分鐘。

⑤ **整形**：先將鬆弛好的麵團全部搓成胖水滴狀，再將胖水滴狀搓成細長水滴狀。（請參考 P.33 鹽可頌麵包整形方式）

⑥ 取一麵團先擀開，翻面、擀長，放上有鹽奶油，捲起。全部依序完成。

⑦ **最後發酵**：置於 30 ～ 31℃ 環境下，發酵 30 分鐘，至麵團呈 1.5 倍大。按壓麵團會緩慢回彈，重量明顯變輕。
⚠ 切記麵團不可過度發酵，表面的紋路會不見。

⑧ 麵包表面撒上黑胡椒粒作裝飾。

⑨ **烤焙**：烤箱預熱，放在中下層，設定上火 230℃、下火 180℃，烤 13 ～ 14 分鐘。
⚠ 請搭配蒸氣烘烤，設定 20 秒蒸氣，成品烤出來呈皮薄且有睫毛裂紋的效果。

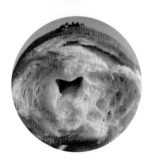

咖啡酥皮鹽可頌

聞起來是非常舒服的咖啡香，外皮微甜，吃起來有淡淡的咖啡味，就算冷凍復烤後享用，味道一樣不變。

食譜分量	8 個
麵團材料	
法國麵粉（T45）	250 g
鹽之花	5 g
砂糖	10 g
水	140 g
老麵	50 g
奶粉	10 g
速發酵母	3 g
無鹽奶油	10 g
內餡	
有鹽奶油	4 ～ 5g x 8 個

麵團終溫	24℃最佳
書中使用麵粉蛋白質（％）	11.9%

如使用與書中不同麵粉的蛋白質比例時，
請根據麵粉的吸水率調節水量。

夏季打麵時，如果覺得麵團濕軟，
配方中的水可減少約 5g 左右。

咖啡酥皮醬

無鹽奶油	30 g
砂糖	25 g
全蛋液（常溫）	25 g
即溶咖啡粉	3 g
低筋麵粉	33 g

| 作法 |

(1) 無鹽奶油室溫軟化後，加入砂糖拌勻。

(2) 取另一碗，將全蛋液與咖啡粉攪拌至咖啡粉融化。

(3) 完成的咖啡蛋液中，倒入作法 (1) 的奶油糖拌勻。

(4) 再加入低筋麵粉拌勻。

(5) 最後放進擠花袋中備用，即完成。

步驟 ——

1. 先做老麵。操作步驟請參照 P.175 老麵作法。

2. 將所有麵團材料放入攪拌機，攪拌至呈現光滑有彈性的麵團，約 7 ～ 8 成筋厚膜狀態。

3. 打好的麵團直接室溫鬆弛 20 分鐘。

4. 步驟 3 分割成 8 個麵團，輕輕滾圓，密封好放入冰箱冷凍 30 分鐘。

5. **整形：**先將鬆弛好的麵團全部搓成胖水滴狀，再將胖水滴狀搓成細長水滴狀。
   （請參考 P.33 鹽可頌麵包整形方式）

6. 取一麵團先擀開，翻面、擀長，放上有鹽奶油，捲起。全部麵團依序完成。

7. **最後發酵：**置於 30 ～ 31℃ 環境下，發酵 30 分鐘，至麵團呈 1.5 倍大。按壓麵團會緩慢回彈，重量明顯變輕。
   ⚠ *切記麵團不可過度發酵，表面的紋路會不見。*

8. 發酵好的麵團表面擠上咖啡酥皮醬。

⑧

9. **烤焙：**烤箱預熱，放在中下層，設定上火 230℃、下火 180℃，烤 13 ～ 14 分鐘。
   ⚠ *請搭配蒸氣烘烤，設定 20 秒蒸氣，成品烤出來呈皮薄且有睫毛裂紋的效果。*

Ch3.

一種麵團二種變化

想吃貝果又想吃鹽可頌時該怎麼辦？現在只需打好一份麵團，就能同時享用這兩款風格完全不同的麵包。讓忙碌的你省下不少時間，也不需擔心相同類型的麵包容易吃膩。

香氣爆滿奶鹽貝果 + 牛奶鹽可頌

白芝麻經過烘烤變得酥脆，再與包進貝果裡流出來的奶油形成芝麻脆底，讓沒有餡料的貝果也能口感十足、香氣爆滿。把有鹽奶油包進麵團裡烘烤，不再是鹽可頌的專利，運用在貝果上也別有一番滋味。

香氣爆滿奶鹽貝果	食譜分量	5 個
貝果內餡	有鹽奶油 5～6 g x 5 個	
牛奶鹽可頌	食譜分量	6 個
鹽可頌內餡	有鹽奶油 5～6 g x 6 個	
麵團材料	高筋麵粉	500 g
	砂糖	30 g
	鹽	7 g
	牛奶	335 g
	速發酵母	5 g
表面裝飾	白芝麻	適量

麵團終溫	25℃最佳
煮貝果水	砂糖 50 g ＋ 水 1000 ml
書中使用麵粉蛋白質（%）	11.8 %

如使用與書中不同麵粉的蛋白質比例時，
請根據麵粉的吸水率調節水量。

步驟 ——

① 將所有麵團材料放入攪拌機，攪拌至呈現光滑有彈性的麵團，約 7 ～ 8 成筋厚膜狀態。

② 免基礎發酵。直接分割成 11 個：鹽可頌 70g x 6 個；貝果約 86g x 5 個。

③ 滾圓後鬆弛。鹽可頌麵團密封好，放入冷凍鬆弛 30 分鐘，轉冷藏備用；貝果放室溫鬆弛 20 分鐘左右。

先製作貝果 ——

① **整形**：把鬆弛好的貝果麵團擀開，翻面，擺上有鹽奶油，捲起。整成貝果形狀。（*請參考 P.29 貝果整形手法 A 無料麵團*）

② **最後發酵**：置於 32℃ 環境下，最後發酵 30 分鐘，至麵團呈 1.5 倍大。
⚠ *發酵時間請參考，仍需以實際狀況自行調整。*

③ **煮貝果**：將煮貝果水煮至冒出小泡泡，放入發酵好的貝果，正反兩面各煮約 30 秒後，撈起。

④ 趁熱將底部沾上白芝麻，放在已鋪好烘焙紙的烤盤上，表面也撒上白芝麻後，即可入爐。

⑤ **烤焙**：烤箱設定上下火 220℃，烤 16 ～ 18 分鐘左右。烤箱如有旋風功能，最後 5 分鐘開旋風，可讓上色更加均勻。
⚠ *放在烤箱中下層，烤溫和時間請依自家烤箱狀況自行調整。*

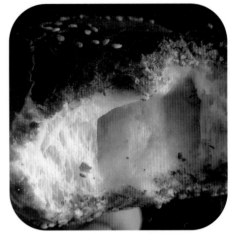

接著製作鹽可頌 ——

① 取出冷藏的鹽可頌麵團。

② **整形**：把鬆弛好的麵團包入有鹽奶油，捲起。全部麵團依序整形完成。
（請參考 P.33 鹽可頌麵包整形方式）

③ **最後發酵**：置於 30 ～ 31℃ 環境下，最後發酵 30 分鐘，至麵團呈 1.5
倍大。按壓麵團會緩慢回彈，重量明顯變輕。
⚠ *切記麵團不可過度發酵，表面的紋路會不見。*

④ 麵團表面噴些水，撒上少許鹽之花作裝飾。

⑤ **烤焙**：設定上火 230℃、下 200℃，烤 13 ～ 14 分鐘。
⚠ *我使用的是蒸氣烤箱，會自動噴蒸氣，入爐時有噴蒸氣 20 秒。若*
沒蒸氣直接烘烤，完成的麵包外皮較厚，且表面缺少睫毛裂紋。
⚠ *放在烤箱中倒數第二層，烤溫和時間請依自家烤箱狀況自行調整。*

純粹貝果 +
純粹鹽可頌

皮薄脆、斷口性好，不論是單吃或是剖開成兩半，放在平底鍋中與蛋液一起煎，待貝果充分與蛋液結合後，擺上起司燜一下，起鍋後夾上火腿、酪梨、生菜等材料做成三明治，早餐這樣吃豐富又營養。

純粹貝果	食譜分量	5 個
純粹鹽可頌	食譜分量	6 個
鹽可頌內餡	有鹽奶油 5～6 g x 6 個	

麵團材料		
	高筋麵粉	500 g
	砂糖	25 g
	鹽	10 g
	水	200 g
	碎冰塊	50 g
	動物性鮮奶油	30 g
	無鹽奶油	15 g
	速發酵母	5 g

麵團終溫		25℃最佳
煮貝果水	砂糖 50 g ＋ 水 1000 ml	
書中使用麵粉蛋白質（％）		11.4 ％

如使用與書中不同麵粉的蛋白質比例時，
請根據麵粉的吸水率調節水量。

配方中 50g 的碎冰塊，沒有的話可直接用水替代。

步驟 ──

1. 將所有麵團材料放入攪拌機，攪拌至呈現光滑有彈性的麵團，約 9 成筋狀態。
   ⚠ *不需要出薄膜，比書中其他食譜的麵團狀態再細緻一些即可。*

2. 置於 28℃ 環境下，基礎發酵 50 分鐘。

3. 直接分割成 11 個：鹽可頌 60g x 6 個；貝果（剩餘麵團分切）x 5 個。

4. 滾圓後鬆弛。鹽可頌密封好，放冷凍鬆弛 30 分鐘，轉冷藏備用；貝果放室溫鬆弛 15 分鐘左右。

先製作貝果 ──

1. **整形**：把在室溫鬆弛好的貝果麵團擀開，翻面、捲起。整成貝果形狀。
   （請參考 P.29 貝果整形手法 A 無料麵團）

2. **最後發酵**：置於 32℃ 環境下，最後發酵 30 分鐘，至麵團呈 1.5 倍大。
   ⚠ *發酵時間請參考，仍需以實際狀況自行調整。*

3. **煮貝果**：將煮貝果水煮至冒出小泡泡，放入發酵好的貝果，正反面各煮約 20 秒後，撈起。

4. **烤焙**：烤箱設定上火 220℃、下火 180℃，烤 16 ～ 18 分鐘左右。
   ⚠ *放在烤箱中下層，烤溫和時間請依自家烤箱狀況自行調整。*

5. 出爐後，馬上在貝果表面刷上一層牛奶，有增亮的效果。

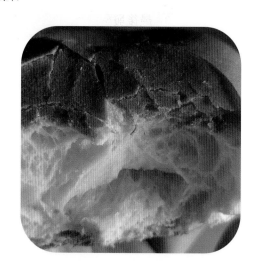

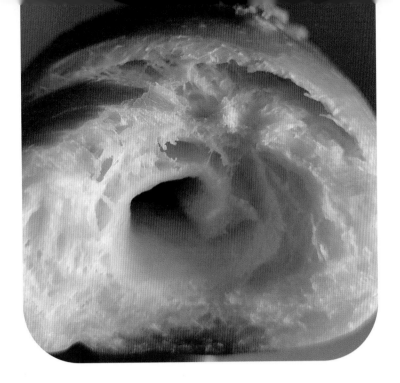

接著製作鹽可頌 ──

1 取出冷藏的鹽可頌麵團。

2 **整形**：鬆弛好的麵團包入有鹽奶油，捲起。全部麵團依序整形完成。
 （請參考 P.33 鹽可頌麵包整形方式）

3 **最後發酵**：置於 30 ～ 31°C 環境下，最後發酵 30 分鐘，至麵團呈 1.5 倍大。按壓麵團會緩慢回彈，重量明顯變輕。
 ⚠ *切記麵團不可過度發酵，表面的紋路會不見。*

4 麵團表面噴些水，撒上少許鹽之花作裝飾。

5 **烤焙**：設定上火 230°C、下 180°C，烤 13 ～ 14 分鐘。
 ⚠ *我使用的是蒸氣烤箱，會自動噴蒸氣，入爐時有噴蒸氣 20 秒。若沒蒸氣直接烘烤，完成的麵包外皮較厚，且表面缺少睫毛裂紋。*
 ⚠ *放在烤箱中倒數第二層，烤溫和時間請依自家烤箱狀況自行調整。*

優格軟嫩貝果 +
優格鹽可頌

這款貝果似乎不太需要咬呢！貝果皮薄脆組織蓬鬆，蛋香味濃郁。鹽可頌除了同貝果一樣有著濃濃雞蛋香氣外，烤焙時流出的有鹽奶油，將可頌底部煎得酥酥香香，雙重香氣的衝擊吃起來真的很過癮。

優格軟嫩貝果	食譜分量	5 個
優格鹽可頌	食譜分量	6 個
鹽可頌內餡	有鹽奶油 5～6 g x 6 個	

麵團材料	高筋麵粉	500 g
	砂糖	45 g
	鹽	6 g
	無糖優格	130 g
	水	117 g
	碎冰塊	80 g
	雞蛋	50 g
	無鹽奶油	40 g
	速發酵母	5 g

麵團終溫	23～25℃最佳
煮貝果水	砂糖 40 g ＋ 水 1000 ml
書中使用麵粉蛋白質（%）	11.8 %

如使用與書中不同麵粉的蛋白質比例時，
請根據麵粉的吸水率調節水量。

配方中碎冰塊 80g 的部分，沒有的話直接用水替代即可。

步驟 ──

1. 所有材料攪拌成至光滑有彈性，完全擴展的麵團狀態。
   ⚠️ 要出薄膜，這比書中其他食譜的麵團要打的再足一些，麵團終溫落在
   23～25℃最佳。

2. 免基礎發酵，打好的麵團直接分割成 11 個：鹽可頌 65g x 6 個；貝果（剩
   餘麵團分切）x 5 個。

3. 滾圓後鬆弛。鹽可頌密封好，放冷凍鬆弛 30 分鐘，轉冷藏備用，時間
   不可超過 60 分鐘；貝果冷藏鬆弛 20 分鐘。

先製作貝果 ──

1. **整形**：把鬆弛好的貝果麵團擀開，翻面、捲起。整成貝果形狀。
   （請參考 P.29 貝果整形手法 A 無料麵團）

2. **最後發酵**：置於 32℃ 環境下，最後發酵 30 分鐘，至麵團呈 1.5 倍大。
   ⚠️ 發酵時間請參考，仍需以實際狀況自行調整。

3. **煮貝果**：將煮貝果水煮至冒出小泡泡，放入發酵好的貝果，正反面各煮
   約 30 秒後撈起，把水瀝乾一些後放在烤盤上。

4. **烤焙**：烤箱設定上火 220℃、下火 180℃，烤 14 ～ 16 分鐘左右。
   ⚠️ 放在烤箱中下層，烤溫和時間請依自家烤箱狀況自行調整。

5. 出爐後，馬上在貝果表面刷上一層牛奶，有增亮的效果。

接著製作鹽可頌 ——

1 取出冷藏的鹽可頌麵團。

2 **整形：**鬆弛好的麵團包入有鹽奶油，捲起。全部麵團依序完成。
（請參考 P.33 鹽可頌麵包整形方式）

3 **最後發酵：**置於 30 ～ 31℃ 環境下，最後發酵 30 分鐘，至麵團呈 1.5 倍
大。按壓麵團會緩慢回彈，重量明顯變輕。
⚠ 切記麵團不可過度發酵，表面的紋路會不見。

4 **烤焙：**設定上火 230℃、下 180℃，烤 13 ～ 14 分鐘。
⚠ 我使用的是蒸氣烤箱，會自動噴蒸氣，入爐時有噴蒸氣 20 秒。若沒
蒸氣直接烘烤，完成的麵包外皮較厚，且表面缺少睫毛裂紋。
⚠ 放在烤箱中倒數第二層，烤溫和時間請依自家烤箱狀況自行調整。

蒸氣薄脆貝果 + 艾許奶油鹽可頌

平時製做鹽可頌時，我獨愛的奶油品牌就是艾許有鹽奶油。艾許奶油有種迷人的獨特香氣，很吸引人。這次將貝果水煮完，在烤焙時用蒸氣輔助，形成很薄、很脆的外皮，口感真的令人驚艷。配方中添加麥芽精優化麵包上色，也可延緩麵包老化，是唯一有添加麥芽精的食譜。

蒸氣薄脆貝果	食譜分量	5 個
艾許奶油鹽可頌	食譜分量	6 個
鹽可頌內餡	有鹽奶油	5～6 g x 6 個
液種作法	法國麵粉	150 g
	水	150 g
	速發酵母	1 g
麵團材料	法國麵粉（T45）	350 g
	砂糖	30 g
	鹽	9 g
	牛奶	125 g
	麥芽精	2.5 g
	液種	全部
	無鹽奶油	25 g
	速發酵母	4 g

麵團終溫	25℃最佳
煮貝果水	砂糖 40 g ＋ 水 1000 ml
書中使用麵粉蛋白質（％）	11.9 ％

如使用與書中不同麵粉的蛋白質比例時，
請根據麵粉的吸水率調節水量。

步驟 ——

① 先做液種。操作步驟請參照 P.109 液種作法。

② 所有麵團材料攪拌成至光滑有彈性，約 7 ～ 8 成筋狀態。

③ 打好的麵團密封好，放入冰箱冷藏鬆弛 30 分鐘。

④ 鬆弛好的麵團直接分割成 11 個：鹽可頌 65g x 6 個；貝果（剩餘麵團分切）x 5 個。

⑤ 滾圓後鬆弛。鹽可頌密封好放冷凍 40 分鐘，備用；貝果室溫鬆弛 15 分鐘。

先製作貝果 ——

① **整形**：把鬆弛好的貝果麵團擀開，翻面、捲起。整成貝果形狀。
（請參考 P.29 貝果整形手法 A 無料麵團）

② **最後發酵**：置於 32°C 環境下，最後發酵 30 分鐘，至麵團呈 1.5 倍大。
⚠ 發酵時間請依實際狀況自行調整。

③ **煮貝果**：將煮貝果水煮至冒出小泡泡，放入發酵好的貝果，正反面各煮約 20 秒後，撈起。

④ **烤焙**：入爐先給蒸氣。設定上火 220°C、下火 180°C，烤 16 ～ 18 分鐘左右。
⚠ 放在烤箱中下層，烤溫和時間請依自家烤箱狀況自行調整。

⑤ 出爐後，貝果在烤盤上時請馬上先噴水，可讓貝果表面維持光澤感。

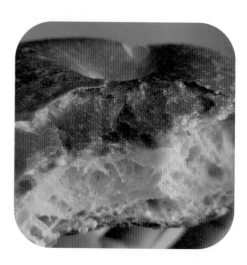

接著製作鹽可頌 ——

① 將放在冷凍的鹽可頌麵團從冰箱取出。

② **整形**：把鬆弛好的麵團，包入有鹽奶油後捲起。全部麵團依序整形完成。
（*請參考 P.33 鹽可頌麵包整形方式*）

③ **最後發酵**：置於 30 ～ 31℃ 環境下，最後發酵 30 分鐘，至麵團呈 1.5 倍大。按壓麵團會緩慢回彈，重量明顯變輕。
⚠ *切記麵團不可過度發酵，表面的紋路會不見。*

④ 麵團表面噴些水，撒上少許鹽之花作裝飾。

⑤ **烤焙**：設定上火 230℃、下 180℃，烤 13 ～ 14 分鐘。
⚠ *我使用的是蒸氣烤箱，會自動噴蒸氣，入爐時有噴蒸氣 20 秒。若沒蒸氣直接烘烤，完成的麵包外皮較厚，且表面缺少睫毛裂紋。*
⚠ *放在烤箱中倒數第二層，烤溫和時間請依自家烤箱狀況自行調整。*

私房美味三明治貝果

用一頓豐盛的早午餐,來迎接美好的假日早晨!貝果除了可搭配各種口味的抹醬外,也可再加碼其他喜愛的配料,設計出專屬於自己的美味菜單。

培根起司嫩蛋
貝果三明治

簡單快速又美味的一款鹹食貝果。起司嫩蛋香氣濃郁，每款食材都搭配得剛剛好，這次特意選擇低糖無油的原味貝果搭配，微韌又帶點 Q 勁，口感滿分。

材料

原味貝果	1 個
培根	2 片
雞蛋	1 顆
牛奶	1 大匙
有鹽奶油	適量
起司片	1 片
生菜或芝麻葉	適量
現磨黑胡椒粉	少許

抹醬

芥末籽	適量
日式美乃滋	適量
醃漬的墨西哥辣椒圈（切碎）	

｜ 抹醬作法 ｜

將材料全部混合均勻即可。請依自己口味邊試邊調整，無固定分量。

步驟 ——

1. 平底鍋中加入奶油，將對剖貝果切面朝下，煎至金黃，備用。

2. 培根用小火煎至微微焦脆。

3. 雞蛋加 1 大匙牛奶後打散，倒入平底鍋中，邊推蛋液邊整成圓形，待凝固定形後即可關火。再放上起司片，利用餘溫軟化。

組合
貝果剖面塗上抹醬 → 起司嫩蛋 → 交叉放上煎好的培根 → 撒上黑胡椒粉提香 → 最後擺上芝麻葉或喜歡的生菜 → 蓋上另一片貝果 → 即完成

溏心蛋酪梨
開放式三明治

難以抗拒流出來的蛋液與酪梨結合的美妙滋味！沒有過多的調味，全靠焦脆的培根碎及帕瑪森起司粉，炎炎夏季想來道清爽的三明治，選擇這道食譜就對了！

材料

純粹貝果	1/2 片
新鮮小型酪梨	半顆
雞蛋	1 顆
培根	1 片
有鹽奶油	適量
現磨黑胡椒粉	少許
帕瑪森起司粉	少許

事前準備

貝果對剖；取出酪梨果肉壓碎，保留一些塊狀感，備用。

步驟 ——

1. **煮溏心蛋：**冷水起鍋，放入雞蛋，待水滾後計時 6 分鐘，時間到後取出雞蛋，泡水降溫即可。可依個人喜好調整想吃的熟度。

2. 平底鍋不放油，直接放入切成碎丁的培根，煎至焦脆後起鍋備用。

3. 將貝果剖面塗上有鹽奶油，放入剛剛煎過培根的平底鍋中，煎至金黃即可起鍋。

> **組合**
> 貝果剖面放上酪梨泥 → 放上溏心蛋 → 培根碎 → 撒上黑胡椒粉提香 → 帕瑪森起司粉 → 即完成

起司滑蛋鮮蝦
開放式三明治

胡麻鮮蝦的香氣，搭上清爽的小黃瓜絲與水嫩的滑蛋，口感及味道讓人驚艷，只是將家中常備的食材組合在一起，就完成了這道好吃又簡單的三明治。

材料

純粹貝果	1/2 片
冷凍鮮蝦	3~4 尾
雞蛋	1 顆
蛋清	少許
漢堡專用乾酪起司片	1 片
小黃瓜	適量
有鹽奶油	適量
胡麻醬	1 大匙
現磨黑胡椒粉	少許

事前準備

貝果對剖；鮮蝦用蛋清抓醃
（取食譜中雞蛋的少量蛋清即可）；
雞蛋加入 1 匙牛奶打散，
再加入少許黑胡椒作調味；
小黃瓜切絲備用。

步驟 ——

① 平底鍋中加入奶油，將對剖貝果切面朝下，煎至金黃，備用。

② 鍋中噴入少量油，放入抓醃好的鮮蝦，煎至色澤金黃。

③ 將蛋液倒入平底鍋中，邊推蛋液邊整成圓形，待凝固定形後即可關火。
再放上乾酪起司片，利用餘溫軟化。

④ 取一個小碗放入煎好的步驟②，並倒入 1 大匙胡麻醬，讓鮮蝦完整沾
附醬汁。

> **組合**
> 貝果剖面放上起司滑蛋 → 小黃瓜絲 → 鮮蝦 → 淋上胡麻醬
> → 撒上黑胡椒粉提香 → 即完成

酪梨烤腸乾酪
三明治

這次用新鮮酪梨當抹醬，選了蒸氣薄脆貝果來做搭配，很有趣的是，酪梨竟幫助貝果釋出了甜味，讓人整個一吃就停不下來。

材料

蒸氣薄脆貝果	1 個
新鮮小型酪梨	半顆
雞蛋	1 顆
漢堡專用乾酪起司片	1 片
德國香腸	1 根
有鹽奶油	適量
現磨黑胡椒粉	少許

事前準備

貝果對剖；半顆酪梨切成塊狀；
雞蛋加入 1 匙牛奶打散；
德國香腸切成小段備用。

步驟 ——

1. 平底鍋中加入奶油，將對剖貝果切面朝下，煎至金黃，備用。

2. 將蛋液倒入平底鍋中，邊推蛋液邊整成圓形，待凝固定形後即可關火。
   再放上乾酪起司片，利用餘溫軟化。

3. 鍋中不放油，放入德國香腸煎至兩面微微焦香，即可。

組合
貝果剖面放上酪梨塊，輕壓抹開 → 起司蛋 → 德國香腸 →
撒上黑胡椒粉提香 → 即完成

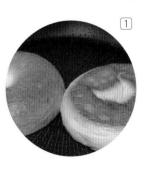

1

酪梨肉鬆小黃瓜三明治

台式早餐店很常見的三明治口味，將吐司換成貝果，用新鮮的酪梨代替美乃滋抹在貝果上，好吃又無油膩感。喜歡肉鬆蛋三明治的朋友們，一定要試試看換成貝果的滋味。

材料

純粹貝果	1 個
新鮮小型酪梨	半顆
小黃瓜	隨喜好
雞蛋	1 顆
肉鬆	隨喜好
白胡椒粉	適量
日式美乃滋	適量
番茄醬	適量
有鹽奶油	適量

事前準備
貝果對剖；取出酪梨果肉壓碎，保留一些塊狀感；
小黃瓜切絲，備用。

步驟 ——

① 平底鍋中加入奶油，將對剖貝果切面朝下，煎至金黃，備用。

② 鍋中噴入少量油，打入雞蛋，煎成全熟的荷包蛋。

組合
貝果剖面放上酪梨泥 → 荷包蛋 → 撒上適量白胡椒粉 → 抹
上美乃滋 → 抹上番茄醬 → 小黃瓜絲 → 肉鬆 → 蓋上另一片
貝果 → 即完成

雞肉貝果三明治

將雞胸肉切成薄片，與自製照燒甜醬放進鍋中煎至微焦，還沒做成三明治前，這個色澤光看就讓人食欲大開。貝果體抹上蜂蜜芥末籽醬，與其它食材一同做成三明治，吃下去絕對超級滿足。

材料

蒸氣薄脆貝果	1 個
雞胸肉	80g
雞蛋	1 顆
漢堡專用乾酪起司片	1 片
生菜	隨喜好
有鹽奶油	適量
現磨黑胡椒粉	少許

事前準備

貝果對剖；雞蛋加入黑胡椒粉打散；雞胸肉切成薄片，備用。

簡易照燒醬

醬油	1 大匙
味醂	2 大匙

| **作法** | 混合均勻備用。

抹醬

芥末籽	1 小匙
蛋黃醬	1 小匙
蜂蜜	1 小匙

| **作法** | 混合均勻備用。

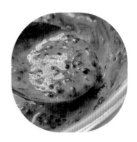

步驟 ——

1. 平底鍋中加入奶油，將對剖貝果切面朝下，煎至金黃，備用。

2. 將照燒醬先倒入鍋中，用小火燒至醬汁微滾，放入薄片雞胸肉，煎至醬汁微收乾，有沾附在雞肉表面上，即可起鍋。

3. 將蛋液倒入平底鍋中，邊推蛋液邊整成圓形，待凝固定形後即可關火，再放上乾酪起司片，利用餘溫軟化。

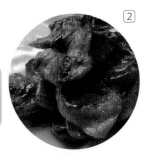

2

組合
貝果剖面塗上抹醬 → 生菜 → 起司嫩蛋 → 雞胸肉 → 撒上黑胡椒粉 → 蓋上另一片貝果 → 即完成

莫札瑞拉起司蘑菇
三明治

口感風味俱佳的一款貝果三明治。蘑菇的鮮與洋蔥的甜，加上莫札瑞拉起司的鹹香，形成最完美的搭配。

材料

優格軟嫩貝果	1 個
中型蘑菇	約 7～8 個
小型洋蔥	約 1/4 顆
雞蛋	1 顆
莫札瑞拉起司片	2 片
有鹽奶油	適量
現磨黑胡椒粉	適量
海鹽	適量

事前準備
貝果對剖；蘑菇切成片狀；洋蔥切絲，備用。

步驟 ——

1 平底鍋中加入奶油，將對剖貝果切面放上煎至金黃，起鍋。

2 將蘑菇放入鍋中，倒一點點油用小火煎至兩面金黃，再放入洋蔥絲炒香。

3 加入適量現磨的黑胡椒粉與海鹽調味，盛起備用。

4 將蛋液倒入平底鍋中，邊推蛋液邊整成圓形，待凝固定形後即可關火，再放上莫札瑞拉起司片，利用餘溫軟化。

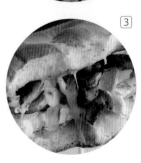

組合
貝果剖面朝上 → 起司嫩蛋 → 蘑菇洋蔥絲 → 蓋上另一片貝果 → 即完成

蟹肉嫩蛋胡麻醬三明治

蟹肉棒撕成絲與雞蛋混合，撒上一點點黑胡椒、鹽調味。把蛋煎得嫩嫩的，起鍋前先塗上一層胡麻醬、擺上喜歡的起司。貝果不需要塗抹過多抹醬。是一款能快手完成，適合當成早餐或下午茶點心的三明治。

材料

15%全麥貝果	1 個
有鹽奶油	適量
蟹肉棒	2～3 根
雞蛋	1 顆
莫札瑞拉起司	2 片
一般起司片	1 片
現磨黑胡椒粉	少許
鹽巴	少許
牛奶	1 大匙
胡麻醬	適量

步驟 ——

① 平底鍋中加入奶油，將對剖貝果切面放上煎至金黃後起鍋備用。

② 將蟹肉棒撕成絲放入雞蛋中，加入黑胡椒粉、鹽、1大匙牛奶打散。再倒入平底鍋中，邊推蛋液邊整成圓形，待凝固定形後即可關火。

③ 最後塗上胡麻醬，放上莫札瑞拉起司，利用餘溫軟化即可起鍋。

> ### 組合
> 貝果剖面放上一般起司片 → 蟹肉起司嫩蛋 → 撒上黑胡椒粉
> → 蓋上另一片貝果 → 即完成

貝果與鹽可頌的黃金比例

超簡單！復熱也好吃的 Q 彈系麵包配方

作　　者｜Elma玩麵粉 莊玉芳

責任編輯｜楊玲宜 ErinYang
責任行銷｜袁筱婷 Sirius Yuan
封面裝幀｜李涵硯 Han Yan Li
內頁設計｜李涵硯 Han Yan Li
版面構成｜黃靖芳 Jing Huang
校　　對｜鄭世佳 Josephine Cheng

發 行 人｜林隆奮 Frank Lin
社　　長｜蘇國林 Green Su

總 編 輯｜葉怡慧 Carol Yeh
主　　編｜鄭世佳 Josephine Cheng
行銷經理｜朱韻淑 Vina Ju
業務處長｜吳宗庭 Tim Wu
業務專員｜鍾依娟 Irina Chung
業務秘書｜陳曉琪 Angel Chen
　　　　　莊皓雯 Gia Chuang

發行公司｜悅知文化　精誠資訊股份有限公司
地　　址｜105台北市松山區復興北路99號12樓
專　　線｜(02) 2719-8811
傳　　真｜(02) 2719-7980
網　　址｜http://www.delightpress.com.tw
客服信箱｜cs@delightpress.com.tw
I S B N｜978-626-7537-14-5
初版一刷｜2024年09月
初版三刷｜2024年11月
建議售價｜新台幣450元

國家圖書館出版品預行編目資料

貝果與鹽可頌的黃金比例：超簡單!復熱也好吃的Q彈系麵包配方 / Elma玩麵粉著. -- 初版. -- 臺北市：悅知文化精誠資訊股份有限公司, 2024.09
224面；19×21.5公分
ISBN 978-626-7537-14-5 (平裝)

1.CST: 點心食譜

427.16　　　　　　　　　　　　　113012058

建議分類｜食譜

本書若有缺頁、破損或裝訂錯誤，請寄回更換
Printed in Taiwan

線上讀者問卷 TAKE OUR ONLINE READER SURVEY

掌握正確復烤方式，
天天都能享用剛出爐的
美味麵包！

————《貝果與鹽可頌的黃金比例》

請拿出手機掃描以下QRcode或輸入
以下網址，即可連結讀者問卷。
關於這本書的任何閱讀心得或建議，
歡迎與我們分享 ☺

https://bit.ly/3ioQ55B